地中海饮食计划

康晓芸／编著

四季元气食单

U0219724

中国轻工业出版社

自序 | PREFACE

这是一本关于地中海饮食法的实践宝典，也是关于一个普通人如何将上海人浓油赤酱的烹饪方式切换成实践地中海饮食法的心得分享。

说起实践这套饮食法的初衷，是因为自己在很长一段时间内一直在减肥并且体重也经常反弹，自己也一直处于略微肥胖的状态，加上我有糖尿病、高血压、心脏病家族史，身边很多人也患有这些慢性病。为了让自己有一个更健康的身体状态，所以我从食物结构到烹饪方式，结合自己的身体状态，从实践中摸索了2年，并深刻体悟到了改变饮食方式既简单又不简单。

对于烹饪，我有着无限的热情和一定的天赋，喜欢不断尝试和学习，还考取了烘焙师资格证。在这个过程中，我发觉烹饪不单是为了追求好的味道，它更像是一个能与食物对话、能从中获得能量和养分的过程。

在这本书的第一部分和第二部分，我会和大家分享有关地中海饮食法的实践方法论，带大家了解什么是地中海饮食，并将这一饮食方式本土化，结合自身体质，从不同维度来实践地中海饮食法，包括如何自测自己的饮食状态，如何搭配一顿饭，如何买菜，如何挑选食材，如何简单、快速地烹饪，如何安排烹饪与就餐时间等。

通过阅读以上内容，虽然可大致掌握地中海饮食法的搭配原则和烹饪方式，但对于如何选取食材并合理搭配，我也会在书中给出一些案例，所以在本书第三部分的食谱中，我会给出共84种饮食搭配方案，把每个季节里适合用来搭配的食物，分享给大家，让身心重新焕发出光彩，并充分享受地中海饮食法的乐趣。

希望阅读这本书的你，能够通过本书中所介绍的方法，与美好的食物相遇，用更健康、更天然的食物平衡身心。

康晓荭

2024.11

目录 | CONTENTS

Part 1 「什么是地中海饮食法」

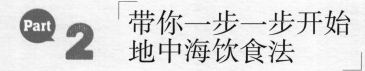

Part 2 「带你一步一步开始
地中海饮食法」

Part 3 「地中海饮食食谱」

Appendix 附录

什么是
地中海饮食法

1 地中海饮食法适合大多数人

地中海饮食法是一种较健康、均衡的膳食模式，泛指处于地中海沿岸的南欧各国的饮食方式。它被公认为是世界上健康的饮食模式之一，适合大多数人，易于长期坚持，并是可终身遵循的饮食方式。

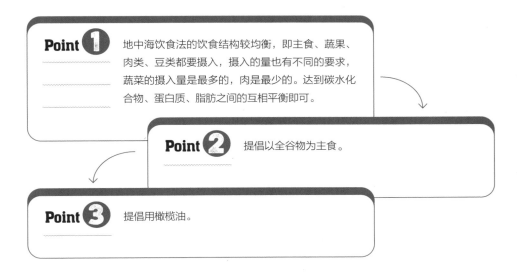

Point 1 地中海饮食法的饮食结构较均衡，即主食、蔬果、肉类、豆类都要摄入，摄入的量也有不同的要求，蔬菜的摄入量是最多的，肉是最少的。达到碳水化合物、蛋白质、脂肪之间的互相平衡即可。

Point 2 提倡以全谷物为主食。

Point 3 提倡用橄榄油。

烹饪方式较简单，不过度烹饪，最大限度保留食材营养

烹饪温度：烹饪时基本都是低温烹饪（140℃左右），油烟少。低温烹饪能更好地保留蔬菜中的维生素，相对高温烹饪（180℃以上）产生的反式脂肪较少。爆炒蔬菜可以用水煎法代替。需要注意的是，肉类需要经过充分加热使其熟透。

油的用量：我的食谱中，每餐中油的摄入量约为4g，一天为8~12g。根据《中国居民膳食指南（2022）》中的建议成人一天油摄入量为25~30g。最好用喷油瓶代替油壶。

盐的用量：摄入过多的盐会让人浮肿，口味变重，甚至会导致高血压等慢性病。**世界卫生组织建议成人每天盐的摄入量不超过5g**，建议使用可控制盐使用量的调料罐。如果使用酱油调味，每天酱油的使用量不超过30mL。

烹饪时间：烹饪时间不宜过长，新鲜的食材，通过简单的烹饪就可以吃到食材原本的美味。特别是蔬菜，蔬菜中的维生素的含量会随烹饪温度的升高和烹饪时间的延长而流失。

饮食只是生活方式的一个部分。除了对饮食有要求外，本书还提倡保持良好的生活作息习惯，包括进行适当的户外运动，保持良好、积极的心态，保持舒缓、舒适的生活节奏等。

2 牢记六大饮食公式

1. 蔬菜量>主食量>豆类>肉类

这个公式不用每餐都按标准严格执行,以天为单位,满足总体的平均量即可。我一般**主食**的摄入量为进食总量的30%～50%;**蔬菜**的摄入量占50%或以上,如果这顿吃少了,下顿可以多吃点补回来;根据《中国居民膳食指南(2022)》,**肉类**的摄入量每天不宜超过120～200g。**豆类**的摄入量总体大于肉类,但痛风人群对豆制品和海产品的摄入需适当减少。

关于**水果**:地中海饮食法提倡大量吃水果,建议每日水果的食用量应为200～350g,这个标准适用于正常体质者。我是痰湿体质,如果吃过多的水果会导致消化、吸收障碍,舌苔也会变厚,水液代谢也在变差(就连喝水都会发胖)。所以水果的摄入量我根据自己的体质进行了调整,减少了摄入,等调理到正常后才正常吃水果。

2. 主食=全谷物种子类/淀粉类蔬菜

全谷物主食保留了种子的完整部分。除了种子类的主食,蔬菜中高淀粉量的蔬菜也算主食,比如土豆、南瓜、莲藕等。

3. 白肉>红肉

禽肉和水产都属于白肉,经常食用的猪肉、牛肉、羊肉为红肉。根据《中国居民膳食指南(2022)》,目前我国畜肉(大多为红肉)占总动物性食物的54%,其中猪肉占85.7%,禽肉仅10%,鱼虾18%,说明相对地中海饮食法,目前我国居民红肉的摄入比是偏高的。所以,普通人在调整饮食习惯时,要将猪肉替换成鱼肉。

4. 低脂乳品>全脂乳品

全脂牛奶的脂肪含量在3.5g/100mL左右,低脂牛奶的脂肪含量为1.5g/100mL左右,脱脂牛奶的脂肪含量是0g。如果喝牛奶脸上就长痘或拉肚子,那就说明不适合喝全脂牛奶。高脂血症、糖尿病患者最好选择低脂乳制品。

5. 食用油=橄榄油/植物油

使用橄榄油是地中海饮食法的一大特色,相对其他植物油,橄榄油富含ω-3单不饱和脂肪酸,具有调节甘油三酯、保护心血管的功效。烹饪过程中可以使用初榨橄榄油来烹饪。更多人选择性价比更高的菜籽油、葵花籽油、大豆油等。传统中式的高温烹饪不适合用橄榄油。而我用组合式的用法,即低温烹饪用橄榄油,高温烹饪用牛油果油或者普通植物油,不会长期只用一种油。

6. 少食食物=油炸/红肉/精米白面/动物脂肪

上述食物恰恰都是令人发胖、令人更容易得慢性病的食物。油炸时的高温会使食物产生反式脂肪酸,过量食用红肉会增加肠癌的患病风险,精米、白面虽容易消化但对血糖和肠道不友好,过多摄入动物脂肪容易导致心脑血管疾病。这些食物可以控制在每月2～3次。

这些"地雷食物"要少吃

说明 避免食用"地雷食物"是地中海饮食法重要的一部分，新手需要背出来，这些都是让人发胖并导致慢性炎症的罪魁祸首。实在忍不住想吃可以少量吃一次，千万不要吃得过于频繁，建议每月控制在3次以内。养成习惯后你就会不再想吃这些"地雷食物"。以下"地雷食物"的内容参考了《超完美地中海饮食指南》。[1]

反式脂肪酸

饼干	油条	萨其马	方便面	奶茶、奶精	部分雪糕冷饮
膨化食品	代可可脂	糖霜	甜点	蛋糕	部分沙拉酱
爆米花	布丁	植物奶油	炸物	起酥油	酥皮

饱和脂肪酸

| 红肉 | 奶油 | 奶酪 | 棕榈油 | 黄油 | 牛油 | 猪油 |

深加工肉类

| 培根 | 午餐肉 | 火腿、红肠 | 肉干 | 腊肠 | 香肠 |

① 安杰罗·奥古斯塔，罗莉·安·范德摩伦.超完美地中海饮食指南[M].贺婷，译.台湾：常常生活文创股份有限公司，2016：55-58.

高脂乳制品（含饱和脂肪酸）

起司

冰激凌

奶油

全脂牛奶

其他容易被忽略的食物

过度烹饪
的肉

过多动物
蛋白质

精致碳水
化合物

过多糖（汽水、
果汁）和盐

未经许可的
食品添加剂

方便食品

**食物的
摄入频次**

说明

"每月吃"指每月吃3次及以下

每天应该吃：蔬菜、水果、全麦谷物、低脂乳制品（水果和乳制品根据自己体质来吃，比如我就不适合多吃）

每周应该吃：水产、豆类、家禽、鸡蛋、坚果

每月可以吃：红肉、白米面类、甜食

尽量不食用：加工肉类（培根、香肠、午餐肉等）、高脂乳制品、汽水、果汁、含人工色素的食物、含过多添加剂的食物

因地制宜的地中海饮食法

上述饮食公式适合大多数人，但地区、气候、当地物产、体质、生活环境等因素都会影响到饮食公式，日常生活中绝大多数时间遵循地中海饮食法即可。

比如成都地区长期气候湿热，食物中加麻椒或辣椒调味使全身出汗、排湿；中原地区水产不丰富，就可以用新鲜的鸡鸭禽肉来代替鱼肉。我是痰湿体质，调理身体期间，不能多吃水果、乳制品等生冷食物；痛风患者不能多吃豆制品和海鲜；保证不长期吃一种油即可；胃病患者可以将粗粮的食用量减半或者不吃粗粮，肠胃养好了才能吸收食物营养；容易上火者平时做饭时得少用生姜、花椒等进行调味。

3 地中海饮食法需要摄入的食材

白肉

海鱼

特点：相比淡水鱼，很多人更爱吃海鱼，主要因为海鱼刺少，不用宰杀处理，烹饪方便，而且大多数海鱼不腥。内陆城市吃不到新鲜的鱼时，可以考虑购买冷冻的海鱼。

储存：海鱼一般购买量大，所以都要冷冻储存，但不宜超过半年。

常见的海鱼包括：

| 三文鱼 | 青花鱼 | 比目鱼(鲽鱼) | 鲳鱼 | 带鱼 | 金枪鱼 | 秋刀鱼 |
| 多春鱼 | 黄鱼 | 海鲈鱼 | 马鲛鱼 | 龙利鱼 | 多宝鱼 | 鳗鱼 |

淡水鱼

特点：淡水鱼刺多，腥味大，需要在腌制时去腥。很多淡水鱼的鱼骨还可以用来做高汤或作为面条汤底来用。

储存：一般不建议大量采购淡水鱼，新鲜的淡水鱼可冷藏1~2天，实在吃不完的情况下再进行冷冻。

常见的淡水鱼包括：草鱼、鲫鱼、鳜鱼、鳊鱼、鲈鱼、黑鱼、花鲢、罗非鱼、巴沙鱼

虾类

特点：虾肉是减脂女孩的最爱，低脂、高蛋白，还有很强的饱腹感，不腥，容易烹饪。虾皮和小虾米经常用来给汤底调味，增加鲜味。活虾肉质紧实，也适合做成虾滑。

储存：冷冻，最好不超过半年。鲜活的虾不适合冷藏，购买后需要尽快烹饪。

常见的虾包括：

大头虾、基围虾、黑虎虾、对虾、红虾、小龙虾、龙虾、虾皮、海米

鸡肉

特点：新鲜养殖鸡价格便宜，但味道稍差；散养的土鸡更好吃。去熟食店买现成的如白斩鸡、藤椒鸡也是不错的选择，尽量避免使用炸鸡，属于"地雷食物"。因为本书中的食谱偏低脂，限制了高油食物摄入，所以鸡肉的皮也可以吃下去，不用担心脂肪摄入过高。一般超市都能买到各个部位的鸡肉，挑选时，以冷鲜鸡肉最好，价格也不贵。

储存：新鲜的鸡肉汁水多，腥味少，冷藏可以放1~2天。冷冻鸡肉汁水没有新鲜鸡

肉多，可以冷冻半年。

常食用的部位：鸡腿、鸡翅、鸡胸肉、鸡里脊、鸡爪、掌中宝（鸡爪中间部位的脆骨）、鸡肝。

鸭肉

特点：若觉得鸡肉是发物，可以尝试吃鸭肉，但鸭肉膻味大，烹饪时会加很多香料来掩盖膻味，做法也比较复杂。较

家常的做法是做成老鸭汤、啤酒鸭、盐水鸭、卤鸭脖等，而去熟食店直接购买现成的也是不错的选择，比如最受欢迎的烤鸭。

储存：鸭肉冷藏可储存1~2天，冷冻可储存半年。

常食用的部位：鸭胸肉、鸭脖、鸭肝、鸭腿、鸭头、鸭肠、鸭胗、鸭舌等。

红肉

猪肉

特点：猪肉是人们最常吃的肉类，可食用的部位也较多，很多餐厅都能吃到以猪肉为主要食材制作的食物。但猪肉的脂肪含量比较高，我的食谱里猪肉出现的频次比较低。

储存：冷冻时间不宜超半年。

常食用的部位：五花肉、肋排肉、腿肉、里脊肉、猪蹄、猪肘、猪肝等。

牛肉

特点：牛肉脂肪量低，烹饪方法略复杂，除了做成牛排和牛肉饼外，其他部位大多以卤煮、慢炖的做法入味。我经常购买方便烹饪的牛肉类食材，但这种食材大多处于冷冻状态，比如牛肉饼、牛排、牛肉片等，简单煎一下就非常好吃。最好购买原切和未调过味的牛肉，挑选时还要避免买到注水牛肉。

储存：冷冻时间不宜超过半年。

常食用的部位：牛腩、牛里脊、牛尾、牛腱子等。

羊肉

特点：羊肉价格略贵，膻味也略重，但是羊肉暖身效果非常好。羊肉较常见的做法是做成白切羊肉、羊肉串、羊蝎子、香煎法式羊排等。

储存：冷冻时间不宜超过1年。

常食用的部位：羊肋排、羊腿、羊腱子、羊脊骨等。

常见的主食

我常吃的是这些主食

面包类	全麦吐司	全麦面包	全麦贝果	黑麦面包
馒头类	全麦馒头	玉米窝窝头		
面条类	全麦面	荞麦面	青稞面	
饼类	全麦饼	杂粮饼	藜麦饼	玉米饼
饭/粥类	杂粮粥/饭	藜麦饭	大粒子粥	杂粮燕麦
淀粉蔬菜类	红薯/紫薯	山药	芋头	玉米
	土豆	板栗		

常见的豆类

特点:豆类是植物中最好的蛋白质来源,低脂饱腹,富含粗纤维。干豆类可以打成豆浆或做成杂粮粥,也可以做成西式的豆泥。

挑选时,新鲜豆类和新鲜蔬菜一样,可挑选时令食材。大多数豆制品由黄豆制成,种类丰富,可和蔬菜、肉类搭配食用。

干豆类:黄豆、黑豆、红豆、绿豆、鹰嘴豆、腰豆等

新鲜豆类:蚕豆、豌豆、毛豆、荷兰豆、红扁豆等

豆制品:豆腐、豆浆、豆皮、腐竹、豆干、油豆腐、素鸡、纳豆等

▲各种豆类打成饮品

▲新鲜的蚕豆

▲方便储存的干豆皮

▲做成豆腐更利于消化

平时用什么油

说明：要尽量减少含饱和脂肪酸的动物油的使用量，我国居民习惯使用豆油、葵花籽油、菜籽油、花生油等植物油。富含多种不饱和脂肪酸以及 ω-3的橄榄油因不同于其他植物油被广泛推荐。不过，橄榄油价格偏贵，我平时用油一般以橄榄油为主，其他几种植物油偶尔也会交替使用。橄榄油（初榨）主要用来凉拌或者低温烹饪蔬菜，牛油果油用来煎肉，其他植物油会装进透明喷油瓶中（像橄榄油、牛油果油等初榨油装深色瓶，否则容易见光氧化），烤食物之前用来均匀喷洒在食物表面。

不推荐的油：不建议食用动物油，如猪油、黄油、牛油等

常用的调味香料和蘸酱

香料的特点：香料的运用也是地中海饮食法的特色之一，香料在肉类的烹饪过程中可去腥、增香、杀菌、促进食欲。不同地区对于香料的使用也有差异，比如成都、重庆，气候湿润，花椒的使用频率很高，可以祛湿，而其他地区的人可能过多食用花椒就容易上火，所以香料的使用还得因地制宜，根据不同地区、不同气候、不同体质的人来运用。晒干的香料可以保存比较长的时间，粉状香料容易受潮，受潮后最好不要用。

生姜

怎么用：生姜是腌制肉类时最常用的香料。生姜还有暖胃、止呕的作用，平时炒蔬菜时都可以适量加点生姜，可以中和蔬菜的寒性。到了冬季，也可以在早餐时搭配点生姜，驱寒又暖身。

常见种类：姜粉、生姜、老姜、仔姜

大蒜、蒜粉

怎么用：大蒜可以用来腌制肉，多用来腌制鸡肉、牛肉、猪肉等，用蒜粉腌肉入味更快。炒蔬菜时加入适量大蒜可以去除泥腥味。

干蒜粒

花椒、花椒粉

怎么用：做川菜时会较多用到花椒，花椒分红花椒和青花椒（藤椒），后者更麻。烹饪蔬

菜时，如果放点花椒，不但能丰富蔬菜的味道，还能和生姜一样中和蔬菜的寒性。腌制肉类时也可放些花椒粉去除腥味，做鱼时，如果加入适量花椒，鱼的味道会更加鲜香爽口。

常见种类：红花椒（干）、藤椒（新鲜、干燥均可）

姜黄粉

怎么用：姜黄粉一般在腌制猪肉、鸡肉时使用，不但能去腥，还能使食物上色变得更加诱人，更会使食物散发出淡淡的咖喱味，和鸡肉、猪肉的味道非常搭配。路边小吃炸里脊肉串，就是在制作的过程中放了姜黄粉。

甜椒粉

怎么用：对于不能吃辣的人来说甜椒粉的辣度适中，不辣但有辣香味。平时在摆盘时，在食物上撒点甜椒粉，可激发出肉类的香味。

甜椒粉

黑胡椒和盐组合

怎么用：这是我几乎每天都要用到的调味品。我一般把颗粒状海盐和黑胡椒粒一起放在研磨瓶内，比如煎蛋时会撒点，黑胡椒也能中和鸡蛋的寒性。在腌制深海鱼时，只用盐和黑胡椒就能搞定

腌制工作，非常便捷。

椒盐

怎么用：椒盐由多种天然香料和盐组成。腌制鱼排、鸡肉、猪肉、鸭肉时放入椒盐，烤或煎后别有风味。

虾皮+紫菜

怎么用：经常搭配在馄饨的汤底中，让汤底增加鲜味。

椒盐　　　　　　白灼汁

鲜辣粉

怎么用：鲜辣粉由多种天然香料组成，是上海比较有特色的调味料。主要用于煮汤、馄饨的汤底中，能让汤更加鲜美。

白灼汁

怎么用：因为平时烹饪蔬菜时味道很清淡，所以没味道时我会蘸点白灼汁，蔬菜就会好吃很多。白灼汁开封后需冷藏保存。

苹果醋

怎么用：苹果醋味道很酸，我经常用于调配沙拉酱或饮品。

蒸鱼豉油

怎么用：蒸鱼豉油可用来给鱼进行调味，特别是清蒸鱼，出锅后淋一勺蒸鱼豉油更是点睛之笔。

芥末

怎么用：绿芥末搭配日式酱油，蘸生鱼片或

苹果醋　　　　　　　蒸鱼豉油

自制油醋汁

一般市售油醋汁含油多、糖多，一般情况下我都按如下方法自己调配：

生抽一大勺（薄盐更佳），黑醋/苹果醋一大勺，橄榄油一大勺，蜂蜜一小勺（"糖友"可不加），芥末一小勺，黄芥末两小勺。冷藏，一周内吃完即可。

者蔬菜吃。黄芥末用于调配沙拉汁，单吃会比较苦。芥末籽酱可以直接涂抹在面包上。

常见种类: 我经常用的有日式的绿芥末、黄芥末、芥末籽酱

泰式酸辣蘸酱

苹果醋/柠檬汁/青柠汁一量勺、鱼露半量勺、少许洋葱末、蒜末、小米椒末

泰式酸辣蘸酱　　　　　油醋汁

适合在家种的香草

香草的特点

香草类食材在烹饪过程中可给食物赋予独特的风味。葱、香菜这些都是我平时吃得最多的香草，给菜肴增加了点睛之笔。香草还具有一定的食疗作用，如紫苏可芳香化湿、解鱼毒，香菜可开胃健脾、促进肠胃蠕动、增强食欲等。

在这里告诉大家一个小妙招：我每次做饭时用到的香草量并不多，买多了还会浪费，自己种一些最合适了，香草成活率较高，非常适合在家种植，不用花太多时间打理，不易有虫害，占地面积小，适合在阳台或窗台种植。

紫苏

特点: 紫苏可解表散寒，夏天吃紫苏可以温暖脾胃、促进食欲。紫苏和鱼类一起烹饪可以解鱼毒，比如和生鱼片一起

吃、做鱼汤时在表面加点紫苏等。

如何种植: 紫苏为一年生植物，5~8月是采收时间。将购买的紫苏苗栽入土中后，浇透水就可以了。放于通风处，土壤变干后就浇透水，如果土壤未变干就不需要浇水。

香菜

特点: 不是所有的人都能接受香菜这种食材。常吃香菜能帮助消化，开胃醒脾。香菜能用于各式菜肴的烹饪过程中，做汤

羹、热菜、凉拌菜时都适合加点香菜，还可以作为摆盘时的装饰物。

如何种植：将香菜种子泡两天或者把种壳磨碎，可随手撒进土中，用薄土覆盖，一周后就会萌发出幼苗。到了寒冷的冬天，幼苗也不怕被冻伤，在-5~30℃都可以存活。

小葱

特点：几乎所有菜出锅后都可撒些小葱，提升菜肴的风味。

如何种植：最简单的方式是买葱头进行种植，可以收割好几次。小葱种子需要浸泡两天后再撒入土中，七天左右就会出苗，四季都可以种植。

韭菜

特点：韭菜可以提升阳气，但菜农在种植韭菜时会使用农药防止虫害。

如何种植：买韭菜根在家种植很方便，和在家种植葱一样容易。

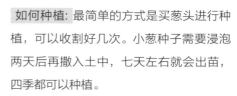

打消顾虑，放心开始

Q 一天吃几餐？

A 2或3餐。进食量按照每日需消耗的热量来定，如果日常消耗的能量较少就吃2餐，消耗得多就吃3餐。其中吃不吃早餐要看个人的生活习惯，一天当中有一餐营养较丰富也是可以的，以我个人的情况举例，我每天中只有一餐会认真烹饪，其余2顿吃上顿剩下的食材（蔬菜不要隔夜），或者简单吃点也是可以的。两餐间如果感到饿的话，可以用水果、坚果、鸡蛋等填肚子，如果实在很饿说明上顿吃的量不够，得调整到合适的量。晚上睡觉前最好保留点饥饿感（不能太饿），对控制体重很有帮助，这样早上的胃口也会非常好。

Q 每餐都吃超量怎么办？

A 建议每餐只吃七分饱的量，用盘子定量。初期定量最好的办法是用直径为23cm左右的圆形餐盘来定量，把主食、菜、肉等都摆在盘上，每种食材的食用量按照P10的饮食公式进行搭配，总量是自己吃七分饱的量（就算体形、身高一样的人，七分饱的量也是不同的）。如果体形肥胖，建议不要"断崖式"减量，还是以每餐只吃七分饱为目标，循序渐进地减少进食量。热量上，在满足"每餐只吃七分饱"的基础上，根据《中国居民膳食指南（2022）》，成年女性建议每日摄入1800千卡左右的热量，男性每日摄入2300千卡左右的热量，这个热量摄入标准适用于BMI正常的人。

Q 用地中海饮食法可以减肥吗？

A 体重可以回归到正常BMI。地中海饮食法的烹饪方式较低脂，食材种类摄入较均衡，蔬菜的摄入量很大，可以避免摄入很多令人发胖的食物，属于可常态化的饮食方式。

Q 主食中含有麸质吗？

A 地中海饮食法不排斥食用含麸质的主食，麸质不耐受者需根据自己的情况来调整饮食结构。

Q 地中海饮食法和普通健康饮食法什么区别？

A 地中海饮食法可预防心血管疾病，食物构成中不含猪油或黄油的成分，限制了红肉的摄入频次，还可预防慢性病比如糖尿病。

Q 上班族有时间实践吗？

A 利用晚上及休息日备餐，比如晚上可以腌肉、洗菜等，休息天可以采购食材、准备酱汁等。

Q 之前的饮食习惯是天天都要吃红肉，饮食习惯该怎么进行调整？

A 可以慢慢过渡、改变，从一周吃4次红肉，过渡到一周吃2次红肉，最后过渡到一个月吃2~3次红肉。

Q 和低脂高蛋白饮食有什么区别？

A 地中海饮食法属于低脂饮食，但非高蛋白，其摄入肉类的量小于主食的量，属于均衡饮食。

Q 不吃鱼怎么办？

A 除了鱼肉外，白肉还包括禽类，可用鸡、鸭、鹅等肉类代替。

Q 全脂牛奶不能喝？

A 推荐喝低脂牛奶主要是考虑避免摄入过多饱和脂肪酸，不过，我国居民的饮食习惯不以乳制品为主且每日乳制品的摄入量平均值并不高，所以喝适量的全脂牛奶是可以的。

Q 橄榄油只能用于做凉拌菜吗?

A 橄榄油除了做凉拌菜外,还可以低温烹饪,但油温建议不超过180℃。

Q 可以吃奶酪吗?

A 尽量选低脂奶酪,如果身体的BMI在正常范围内可以正常吃。

Q 如果尿酸高是不是不能吃海鲜?

A 如果尿酸代谢有问题需要少吃海鲜和豆制品,改吃河鱼和禽肉。

Q 食谱适合患有妊娠糖尿病的孕妇使用吗?

A 适合,产后需要恢复身材的宝妈们也同样适合用这套食谱。

Q 吃海鲜会不会尿酸变高?

A 如果过量吃海鲜、过量饮酒确实会导致体内尿酸变高,根据膳食指南建议,成年人每天海鲜的摄入量不宜超过150g。

Q 长期坚持地中海饮食法会不会脱发?

A 女生掉头发和营养不均衡、情绪失调等因素有关,男生如果出现脱发的情况则有可能是由遗传因素导致。

Q 每一餐都需要这样吃吗?

A 每天中至少有一餐是按这样的食物结构进行搭配的,我每天只有一餐是遵循上述的饮食结构,其他两餐会吃上餐剩余的食物或者随便吃点。

地中海饮食法的实操法则

避免能量低时开始

什么是低频能量?

很多人都有或多或少的情绪问题,也会在工作中和生活中面临较大的精神压力。这些压力会让我们不知不觉在精神上形成消极、悲观、烦躁、放任不管的情绪。这些消极的情绪给人体带来的能量就是"低频能量",这种"低频能量"会导致人做出不太理智的判断和决定,行为上也会出现暴食厌食、喜欢吃重口食物、月经不规律、情绪反复无常、易生气、没人时无故哭泣、不想说话、经常看人不顺眼、爱说别人坏话、爱抱怨、遇事总往坏处想的情况。出现在身体上的变化就更明显了,比如面色黯淡无光、发黄、长痘、发胖、面部出现较明显的皱纹,有黑眼圈、两眼无神、仪态邋遢不整洁、口臭、头发油、便秘、胃炎、皮肤病、容易出现过敏反应等。

保证充足睡眠

睡眠的重要性

使身体有好状态最简单的方法就是保证充足的睡眠,充足的睡眠是最简单、有效的自愈式"充电"方式,睡眠的过程除了可以让身体得到充分的休息,也是大脑的休整时间,如经常要承受工作中的巨大压力,那么会梦到相反的情况来帮助你释放压力。所以刚睡醒时的状态犹如新生儿刚出生时，什么烦恼都没有。

如何使自己的睡眠变得充足？

成年人每天一般需要7~8小时的睡眠。冬天可以适当增加睡眠时间，但要注意早睡、晚起；夏天可以晚睡早起，但一定要在23:00前入睡。23:00至次日凌晨1:00是肝的排毒时间，如果经常熬夜会导致肝脏的排毒功能下降，久而久之影响身体的健康状况。按我个人经验，23:00前入睡后，第二天早晨起来眼睛不酸，不疲乏，但23:00后入睡，心脏会觉得不适，早晨明显感觉没睡够，眼睛也会发酸。

入睡时间是可以慢慢调整的，只要坚持一周23:00前入睡，到了固定时间，身体就会自觉发出困的信号。反之，如果经常熬夜，身体犯困的信号就会延迟。熬夜是最伤害身体的，可能人在二十几岁的时候没有感觉，但过了35岁之后身体就会慢慢表现出因熬夜导致的不适，最明显的不适症状就是心率异常了，白天大脑也是昏昏沉沉的。如果经常熬夜头发也会早白。另外，还有咖啡因代谢慢的人群，下午以及晚上不能喝咖啡或浓茶，否则晚上容易失眠。

适当锻炼

如果按照正确的饮食方式进食，但不做任何运动，可能起不到任何减肥的效果。如果久坐不动，腹部就容易堆积脂肪，久而久之变成"苹果形身材"。所以，一定要进行适当的锻炼。

多接触大自然、多晒太阳

多接触大自然有助于人体恢复活力、修复身心。晒太阳有助于促进体内维生素D的合成，进而促进钙的吸收。

好朋友和伴侣是治愈一切的"良药"

最好的"良药"从来不是昂贵的药物和补品，而是从身边的朋友和伴侣处获取的情绪价值。

4 哪些人更适合地中海饮食法

糖尿病和心脑血管疾病患者的最佳饮食方案

糖尿病在我国发病率非常高,糖尿病患者血糖出现异常的第1~10年和正常人区别不大,此时若不及时控制血糖、进行干预,第二个10年便会开始出现并发症。

可怕的是,我国很多家庭都没有定期测血糖的习惯,很多糖尿病患者都不知道自己已患病,很多糖尿病前期患者(未达到确诊糖尿病标准,但血糖已偏高)也没有健康意识。

地中海饮食法的饮食结构中,主食以全谷物代替精制米面,限制高脂食物的摄入,提倡均衡饮食,是目前**适合糖尿病患者的最佳饮食**。

心脑血管疾病和糖尿病的发病率一样都很高,摄入过多的饱和脂肪酸会引发心血管疾病,也会引发糖尿病的并发症。我国居民猪肉的食用量普遍较多,猪肉的脂肪含量又很高,若坚持遵循地中海饮食法,以鱼肉、白肉为主,并适量食用坚果,把红肉的摄入限制在每月2~3次,可大大降低饱和脂肪摄入,从而降低心脑血管疾病的发病率。

高血压患者盐的摄入量更要严格控制,每天不多于5g(包括酱油、腌渍食物中的盐分),所以地中海饮食法的轻烹饪方式非常适合高血压人群。高膳食纤维、低钠、低糖、低脂的健康膳食模式,还能**降低高血压和结直肠癌的患病风险**。

需要减重、减脂的人群

Point 1
对于肥胖人群，地中海饮食法的食物结构具有低脂的特点，限制了高脂食物、含反式脂肪酸食物等摄入的频次，营养均衡，可解决一部分因营养不良而肥胖者的减肥问题，瘦身效果比较明显。

Point 2
对于不断减肥不断反弹、易胖体质人群，虽然地中海饮食法和节食、低碳水化合物、生酮等较极端饮食减肥法相比见效较慢，不过地中海饮食法是终生式饮食，减肥效果更持久且可以长期不反弹。

Point 3
地中海饮食法的食物较清淡，可根据个人体质选择最适合自己的食物，慢慢改善体质。

Point 4
由于地中海饮食法要求在遵循该饮食法的过程中，要保证高糖、动物脂肪（比如冰激凌、奶油甜点、饼干、肥肉、动物皮等）类食物的低频次摄入，而蔬菜、全谷物、白肉（鱼肉等）食物摄入占比高。坚持3~6个月，BMI（体重指数）自然会不知不觉回归正常值。如果你问我遵循地中海饮食法的过程中会由于什么原因而减肥失败，那很有可能是因为没有认真执行。

想通过饮食改善身体健康状态者

被工作摧残的上班族，容易气色晦暗、肠胃功能下降甚至皮肤和精神状态都变差，负面情绪多。当出现这种状况时，可能是饮食出问题了，经常点外卖，食物不干净，重盐、重油的食物……这些都会慢慢损坏消化道功能，影响营养吸收，身体就容易感到劳累并出现炎症，易怒、萎靡等情绪问题也会出现。

5 我为什么选择地中海饮食法

因为有糖尿病家族史，担心自己也会被确诊

我有糖尿病家族史，也目睹过亲人因糖尿病导致并发症的治疗过程。我的空腹血糖为5.6mmol/L，所以我的患病风险很高，这个风险来自基因遗传和饮食习惯，为此我开始用地中海饮食法调理自己的饮食，定期监测自己的血糖值。

从小胖到大的我从来没瘦过，我的BMI从小就偏高，就算参加工作后减肥也很快反弹，多次失败后，我终于总结出了一些有利于减肥的方法和规则：将减肥常态化、生活化。尝试使用地中海饮食法的一年内，我的体重呈螺旋式平稳下降，BMI回归正常，并保持至今。就算偶尔一段时间内暴饮暴食，体重也能很快恢复。

为了减肥

食谱的特点以及实践两年后我发生的改变

不是教你做一道菜，而是强调整体营养搭配
大多数中国人的饮食习惯是午餐或者晚餐不只吃一道菜，所以我的食谱与大多数的食谱书不同，不是介绍某道菜的制作方式，而是整体一餐的食物搭配原则，这个搭配原则是根据地中海饮食法的搭配规则整理，每道食谱都兼顾了色、香、味。

掌握搭配技巧的好处：均衡的营养搭配可以帮助孩子身体和智力发育，帮助成年人维持正常体重，帮助中老年人降低患病风险（如慢性病）。坚持使用这种饮食方式，短期内可能效果不明显，长期坚持，身体就会受益。

不是西式菜谱，而是根据中国人饮食结构做本土化调整的食谱
地中海饮食法是一套食物结构的模板，因为我生活在上海，所以我创作的食谱更符合南方人的饮食习惯。我之前也尝试过西式食谱，但无法长期坚持，一是因为食谱内生食的蔬菜偏多，吃了会感到不舒服；二是因为食材不太好买，光西式香料和食材在超市就很难买到。

烹饪步骤不烦琐，更适合厨房"小白"，拯救做饭难吃的人

地中海饮食法尊崇简单烹饪的生活方式，只要食材较新鲜，用最简单的烹饪方式也能将食物烹制得很美味。比如我常用的焖煎法、水煎法、烘烤代替油炸等，都是简单易上手的烹饪方式。

带给我的重大改变

身体上的改变：

味觉：味觉变灵敏，食用加工零食喉咙会感到不适。

体重：我属于小基数体重人群，在没有进行额外运动的情况下，体重螺旋式下降了十几斤，腰围小了4cm，体重恢复到正常BMI，告别双下巴、"苹果形"身材。

湿气：生活在南方地区的人体内或多或少都会有一些湿气。使用地中海饮食法一段时间之后，体内的湿气变少了，大便也不再粘马桶了。

气色：皮肤变好了，特别是气色也变好了，素颜状态下也敢大胆出门。

肠胃：肠胃对不洁食物变得敏感，一旦进食不干净的食物会很快如厕；舌苔也变得干净、不厚了（说明体内没有积食）。

精神上的改变：

生活方式的改变会连带精神状态一起改变。对食物的欲望降低，特别是饭馆、餐厅的食物，会特别挑选真正好吃又健康的餐厅。

对家人的影响：

在选择食材时会较多地影响到家人。家人和朋友会跟着我买食材，并减少"地雷食物"的摄入。

Part 2

「带你一步一步开始
地中海饮食法」

1 现状自测和规划

饮食现状
自测

分类	一天的量 [参考《中国居民膳食指南（2022）》]	WEEK1 记录						
		D1	D2	D3	D4	D5	D6	D
蔬菜	占比 50% 左右（每天 > 300g）							
水果	每天 < 350g							
主食：五谷 杂粮 / 淀粉类蔬菜	占比 30% ~ 50%（每天 200 ~ 300g）							
低脂乳制品	每天 < 500g							
水产	占比 20% ~ 30%（每天 < 200g）							
豆类及豆制品	占比 20% ~ 30%（每周 105 ~ 175g）							
家禽类（去掉脂肪和外 皮），未加工瘦肉	占比 20% ~ 30%（每天 < 200g）							
鸡蛋	每周不超过 7 个							
坚果 / 种子	每周 50 ~ 70g							
饱和脂肪酸 / 反式脂肪酸	建议每月不超过 4 次							
红肉								
精制糖（白面包 / 白米白 面 / 饼干 / 糯米等）								
甜食（蛋糕、糕点等）								
"地雷食物"：果汁、汽 水、加工肉、人工色素	不吃或少吃							
高脂乳制品：全脂牛奶、 鲜奶油、各种奶酪、 冰激凌								
评分								
总结								

使用说明

● **每天记录：** 新手需要记录一日三餐和加餐的食物，比如第一天吃了一份鱼肉就在"水产"一行写"1"，每天算一下总分。观察半个月到一个月后，观察总分趋势，这样就能清楚地知道自己的饮食现状和地中海饮食法规则相差多少，哪类食物需要少吃，哪类食物需要多吃，对每天需要进食的食物的种类就会慢慢摸索出规律，可以不用再使用该表。比如吃猪肉时，大脑中会条件反射般出现2个字：红肉。吃香肠时，脑中会出现："地雷食物"。

说明 用"1"或"0"来记录每天饮食，比如做到了打"1"分，没做到打"0"分。记录一周后，看总分的变化情况，直到记录2周、3周、4周形成饮食习惯后，就可不用记录。

			WEEK2 记录								WEEK3 记录								WEEK4 记录				
1	D2	D3	D4	D5	D6	D7	D1	D2	D3	D4	D5	D6	D7	D1	D2	D3	D4	D5	D6	D7			

● 我在执行地中海饮食法前，就按这样的方法进行了自测：发现精制米面摄入频次过多，红肉摄入频次过多，白肉中禽肉的量过多，"地雷食物"其实没想象中吃得多。于是冰箱里的红肉开始变少了，用直径23cm的餐盘来定量食物，避免肉吃过量。

● 我在食谱部分标注的食材量为一人份的量。

● 不同的米和面条，吸水量会略有差别，食材量可根据实际情况调整。

2 如何执行

**3个月尝试
适应期**

为什么需要适应期

饮食习惯的改变给人体带来的变化不会立马就能看到，一般需要观察3个月左右，利用这3个月，培养好好吃饭的习惯。在3个月期间，每顿餐盘的食物最好拍照片，方便以后复盘。渡过新手期后，回看当初刚开始执行这套饮食法则时的饮食会让自己感到惊讶，新手往往在七八分饱的量上拿捏不准，很容易就拿取更多的食材，找到最适合自己的食物总量的过程需要1~2周。

关于热量的计算

前期可以记录1~2周，按照成年女性每天需要摄入1800千卡、男性每天需要摄入2300千卡来记录，只要营养结构合理就不会发胖！口味上不要突然改变过大，得慢慢过渡，从重口到淡口需要1~2周适应期。糖尿病患者或者血糖异常者需要3个月找到使自己血糖升高的食物。控制体重期间，如果1个月后体重都没变化，需要在饮食上找下原因并及时进行调整：可能是因为吃多了，可能是因为食物结构不对，可能吃得太咸，可能烹饪时用的油太多，可能睡前吃多了等。

**不要将自己的
思路限制在营养
学的条条框框中**

遵循地中海饮食法的过程中，也需要进行灵活变通，比如和朋友就餐时，无法强制朋友迁就自己的饮食习惯，偶尔几次的"放纵餐"是可以的，只要大多数三餐都是遵循地中海饮食法的规则就没问题。

精细白面并不是"坏食物"，它适合重、中体力劳动者食用；红肉也不是完全对身体有害的"坏食物"，它可以预防贫血；蛋糕、甜点也不完全是坏食物，它可以让人的坏情绪得到短暂的释放。把吃饭这件事变得简单化，或许就不会说"看了那么多，都不知道怎么吃了"。我心情不好的时候也会吃蛋糕，但每月最多吃1~2次。在外就餐时也难免会吃猪肉，所以平时自己就少做猪肉，平衡下。

前期时不适应、情绪不稳定时这么做
把自己最想吃的食物哪怕是"地雷食物"作为奖励，从每周吃1次过渡到每半个月吃1次，再过渡到每个月吃1次的频率，最后让身体习惯、让肠道菌群开始抵触这种食物。地中海饮食法可以吃自己爱吃的"地雷食物"，前提是控制频次，这样才能稳定食欲，有利于长期坚持。

如果还是胖，可能是因为这些原因

水果吃太多，果糖摄入过高，容易形成"苹果形"身材；
不爱动，久坐；消化功能不好，每次吃饭时都不感到饿但仍按时吃饭，很少有饥饿感；
外食次数过多。

3 跟我学高效备餐，省钱省时间

说明

高效备餐对于上班族来说尤为重要。利用休息时间准备食材，避免重复性厨房工作，缩短每次做饭时间，这样就能大大节省时间和精力。在本节内容中我还会分享几款常用的肉类腌制配方，可以复刻到多种肉类食材的预处理过程中。

不一样的
买菜思路

某一次去超市采购回来的食材

购买渠道：①从**菜市场**买食材价格较便宜，不但种类丰富，还能亲自挑选到新鲜、品质好的食材。不过对于上班族来说，会比较浪费时间。②**相比菜市场，超市**的环境较干净，但价格稍贵，晚间部分超市还会出售折扣菜。很多超市都支持在线送货，上班族可在快到家时下单，到家就能立马开始做饭了。选择家附近客流量最多的超市办理会员，可随时去店内挑选食材，不定期还有会员优惠。一些进口的牛肉、深海鱼、半成品的鱼等在超市基本都可以买到。③**各大电商平台**可以买到在超市和菜场买不到的食材，比如香料、辅料、深海鱼等，价格往往比超市便宜，把看中的商品放入购物车，等到商品价格降低时再进行购买，这是我每月伙食费保持在1000元左右的诀窍之一。

分量和储存

①食材预处理：因为蔬菜不宜久放，很容易变质，清洗后的生菜洗后只能放2天，比较耐储存的蔬菜也只能放4天左右。**我每次购买蔬菜时，采购量都不大**，而且我购买的频次较高，这样就能保证我**每天都能吃到种类丰富的食材**，基本2~3天就得补货一次，每种蔬菜只买半斤。我一般会利用晚上的时间清洗2遍蔬菜，我会在水中放小苏打或蔬菜清

洗剂清洗两轮，每次洗15分钟，农药含量多的蔬菜清洗3~4次，在清洗后、装袋前，需要把蔬菜沥干水，这时可用蔬菜甩干器快速沥干水，自然沥干不但会浪费时间，夏天放久了蔬菜也会变得不新鲜。

清洗后的蔬菜

②食材储存：买回来的食材如果一次吃不完可以用分成若干份，每份为一顿需要摄入的食材量，用真空袋或者锡纸包裹后冷冻。

自制煎饺冷冻

面条分成若干份
后冷冻起来

杂粮饭也分成
若干份后冷冻

买了一整条
三文鱼切分

用锡纸包装后
冷冻

真空状态下
进行冷冻

③主食：一次性多做点主食，这样就可以好几天都不做了，我经常冷冻的主食有杂粮饭、面条、饺子等。

优化冰箱内食物的结构

我家冰箱冷冻室内的所有肉类，白肉占70%，红肉占30%。

常用肉类腌制方法和希腊酸奶

肉类最好利用晚上的时间来腌，这样腌制一晚后更入味。

鱼肉

鱼的处理：①将鱼从鱼头处下刀，沿着脊椎切分成两半。②扔掉内脏。③鱼的脊骨可选用，也是从鱼头与鱼身的连接处下刀。④清洗掉血块和腹内黑膜，这些都是鱼腥气的来源。

腌制：所有的鱼都可用下述食材进行腌制：盐、料酒、姜片。对于比较腥的鱼，比如带

①

②

③

④

鱼、草鱼、青花鱼等，可以加葱段、白胡椒、五香粉进行腌制。对于不腥的深海鱼，比如比目鱼、三文鱼等，可以直接用盐或者黑胡椒碎来腌制。

关于腌制鱼时盐的用量，有个很容易掌握的诀窍：新手不要把鱼肉放入碗中进行抓拌，应该把每块鱼肉摊平，用手指捏1小撮盐，将盐像雪花一样均匀撒在鱼身表面即可，鱼的两面都这样撒。鱼肉的腌制时间最短为10~15分钟，不过时间越短，咸味越淡，不如撒盐后便开始冷藏，鱼肉可以更入味，烤出来的鱼肉色泽也更好。

例外的情况：熬鱼汤时，不用先腌制，否则会影响鱼汤的色泽和口感，鱼汤也容易过咸。

 鸡肉

①将鸡胸肉横切成两半，覆盖上保鲜膜，用刀背或锤子敲扁。②按图上腌料进行放腌料。③揉搓均匀。④分片冷冻，定形后装袋。

①

②

③

④

 希腊酸奶

希腊酸奶口感顺滑、黏稠，1L的牛奶可以做出400~500mL酸奶，卫生又实惠。可以冷藏保存一周，使用任何牌子的酸奶菌都可以。可以再加点淡奶油，量差不多是牛奶的10%，混合均匀后再一起发酵，味道会非常浓郁、可口。具体做法见右侧图示。我一般搭配水果、蜂蜜、谷物、豆类、奇亚籽来吃。

①
加热至沸腾后关火，冷却至50℃以下

②
从锅中倒出

③
送入烤箱，用40℃发酵10小时

④
发酵后的酸奶豆腐状

⑤
倒入滤布中，放入冰箱冷箱

⑥
水分被滤出

⑦
扎紧后继续过滤水分

⑧
图为过滤3小时的希腊酸奶

Part 3

地中海
饮食食谱

春三月食谱

油焖小鲳鱼/

水煎菜尖/

煎蛋/

葱油荞麦面/

懒人奶茶/

前一晚备餐

[🕐 共需 **30** min]

1) 制作葱油（见步骤1~2）。

2) 菜尖清洗沥干，放密封袋内冷藏（3~4天）。

3) 小鲳鱼解冻后（买到冰鲜的更好）腌制（腌料：盐、姜片、料酒）。

4) 准备油醋汁（做法见P18）。

食材

荤麦面65g   小鲳鱼1~2条（约100g）

鸡蛋1~2个   菜尖150g

牛奶200mL   生抽3勺

老抽1勺   糖1/2勺（选用）

牛油果油适量   红茶适量

葱段、黑胡椒碎、橄榄油、花椒面、盐各适量

做法

1＿ 锅内倒入少许油，开小火，加入葱段，翻炒至金黄变色，倒掉锅内油保留葱段。

2＿ 加入生抽、老抽、糖（"糖友"可不加）、少许水。煮至沸腾后关火，倒入容器内冷却后冷藏保存。

3＿ 锅预热后转小火，喷少许油，打入鸡蛋，撒盐和黑胡椒碎调味，熟度根据自己的喜好决定。

4＿ 锅内加少许牛油果油（或其他植物油），预热至冒烟，下入小鲳鱼，不要翻动，皮容易破，周围加水盖盖焖5min后出锅。

5＿ 水煎法煮菜：锅内加少许橄榄油、花椒面、盐及适量水，放入菜尖焯熟捞出。

6＿ 用焯蔬菜的水煮荤麦面，无须换水。

7＿ 荤麦面中加入1~2勺葱油汁，搅拌均匀。

8＿ 懒人奶茶：将牛奶倒入锅中，放入红茶，煮1~2min（煮红茶的味道更加浓郁）即可。

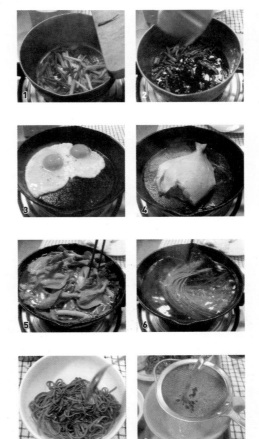

💡 巧思亮点

1) 制作时使用的菜尖是在春天较早上市的时令芽菜，价格较便宜。

2) 春天雨水多、湿气重，荤麦面可健脾消积，可加快新陈代谢。

3) 不宜喝牛奶的人群（乳糖不耐受、忌口寒凉食物等）可以改用奶粉制作奶茶。

春三月食谱 2

烤米鱼/
水煎菜尖/
全麦韭菜鸡蛋盒子/
枸杞坚果燕麦饮/
红枣/

前一晚备餐

1） 菜尖清洗沥干，放密封袋可冷藏3～4天。

2） 米鱼处理干净后洗净，用盐、姜片、料酒腌制一晚。

食材

全麦卷饼2张（约100g）	米鱼3条（约100g）
菜尖150g	红枣1个
枸杞、坚果、燕麦共30g	韭菜末适量
鸡蛋（搅散）2个	盐1g
白胡椒粉适量	虾皮适量
花椒、大蒜、橄榄油各适量	

做法

1 _ 将燕麦、枸杞和坚果先放入破壁机内，启动豆浆或米糊模式，搅拌20～30min。

2 _ 提前一晚将米鱼腌制好（鱼的腌制过程见P33）。

3 _ 水浴法烤鱼：在空气炸锅或烤箱底部倒入少许水，烤鱼时鱼肉不发干。

4 _ 在烘焙纸上喷少许油，放入鱼后在鱼肉表面再喷少许油，180℃烤10～15min。

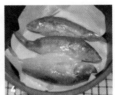

5 _ 制作韭菜鸡蛋盒子的馅：将韭菜末、蛋液、盐、白胡椒粉、虾皮在容器内搅拌均匀。

6 _ 用锅或鏊子来制作全麦韭菜鸡蛋盒子：锅内先喷少许油，直接放冷冻的全麦卷饼（无需蒸），倒入韭菜鸡蛋盒子的内馅，再覆盖一层全麦卷饼，表面喷少许油。

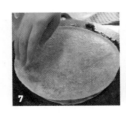

7 _ 待内馅凝固或者底部卷饼上色后翻面，饼皮的中心鼓起后说明韭菜馅熟了。制作韭菜鸡蛋盒子全程约需5min。

8 _ 将饼切成4份或8份，韭菜盒子香气扑鼻，中间还有韭菜的汁水。

9 _ 锅内水煮沸，加花椒、大蒜、橄榄油后，放入菜尖焯熟后捞出。

10 _ 将枸杞坚果燕麦饮倒入杯中即可。搭配红枣一同食用。

💡 **巧思亮点**

1） 制作简单版韭菜盒子，只需要2张现成的卷饼就能完成，不需要自己擀面，烹饪新手也能轻松完成。

2） 韭菜是春季的时令蔬菜，有补肾壮阳的功效，适合怕冷阳虚的女孩子食用。

3） 菜尖是芥菜的嫩芽，适合在春天多吃。

春三月食谱 3

味噌蒸银鳕鱼/
味噌蒸西葫芦/
味噌蒸老豆腐/
味噌蒸菌菇/
杂粮饭/
时蔬杂汤/

前一晚备餐

1）将冷冻银鳕鱼放入冷藏室内解冻。

2）杂粮米中若有豆类，需提前一天浸泡。

食材

杂粮米50g

冷冻银鳕鱼半片（约100g）

西葫芦、鹿茸菇共150g

北豆腐50g

味噌酱、盐、香油、小米辣各适量

做法

1 ＿ 在杂粮米中加入1.5倍左右的水，蒸50min。

2 ＿ 将银鳕鱼表面冲洗干净，用厨房用纸擦干水后，对切成两半。

3 ＿ 涂抹味噌酱后腌制至少10min。剩下的可放入冰箱冷藏保存。

4 ＿ 将北豆腐切块，将多余的北豆腐冷冻。

5 ＿ 将银鳕鱼、西葫芦、北豆腐、鹿茸菇放入盘中，在西葫芦、鹿茸菇、北豆腐的表面都涂抹一点味噌酱。可根据个人喜好撒点小米辣（给味噌酱增加点辣味会更加爽口）。

6 ＿ 蒸锅上汽后，整盘放入锅中蒸15min。

7 ＿ 用冰箱内剩余的蔬菜做杂蔬汤，用盐和香油简单调味。

8 ＿ 味噌一锅蒸需要趁热吃。

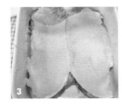

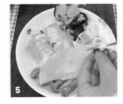

💡 巧思亮点

1）味噌一锅蒸内既有肉又有蔬菜，营养丰富。三文鱼、比目鱼等不腥的鱼都适合这么做。

2）味噌也是一种不错的调味品，由黄豆发酵而成，多吃发酵类食物能改善肠道功能，帮助消化。

春三月食谱 4

水煎米苋/
蒸玉米/
鱼片番茄浓汤/
红枣/

前一晚备餐

共需 **60** min

1） 米苋清洗沥干，放入密封袋内冷藏（3～4天）。

2） 将冷冻罗非鱼肉放入冰箱冷藏室解冻一晚。

食材

玉米半个　　　　　　冷冻罗非鱼100g

米苋150g　　　　　　春笋50g

番茄50g　　　　　　红枣1个

洋葱丝少许　　　　　番茄膏适量

盐、料酒、白胡椒粉、鲜辣粉、橄榄油、花椒、
淀粉、大蒜、小葱各少许

做法

1 _ 将玉米放入锅内蒸15min。

2 _ 罗非鱼切片，加盐、料酒、白胡椒粉、花
椒、橄榄油、少许淀粉、少许水抓拌均
匀，腌制15min。

3 _ 将番茄切丁、春笋剥壳，将春笋放入水中
焯2min。

4 _ 锅微预热，倒入橄榄油，油温不要过高，
下洋葱丝小火煎至透明，约2min。

5 _ 准备番茄膏备用（番茄膏是由成熟红番茄
经破碎、打浆、去除皮和籽等粗硬物质
后，经浓缩、杀菌、装罐而成，与番茄酱
不同）。

6 _ 锅内继续加入番茄膏和番茄丁，翻炒出酸
甜味后，倒少量水。加盐、白胡椒粉、鲜
辣粉调味。

7 _ 出锅前放罗非鱼片，煮1min左右。

8 _ 水煎法炒蔬菜：用焯春笋的水继续焯米
苋，放橄榄油、盐、花椒、大蒜调味。

9 _ 将自己种的小葱剪下少许。

10 _ 将小葱段剪成葱花调味、装饰。搭配红枣
一同食用。

💡 **巧思亮点**

1） 注意过量食用海鱼会导致体内尿酸升高，平
时可以吃河鱼来换口味。建议食用刺少、腥
味小的罗非鱼。

2） 鲜辣粉由多种天然香料组成，适合放入汤羹
中提升风味。

煎三文鱼/
焖煎圆白菜/
煎蛋/
杂粮花卷/
玉米坚果饮/
红枣/

前一晚备餐

1）圆白菜撕碎、清洗后沥干水，放密封袋冷藏（3~4天）。

2）冷冻三文鱼放冷藏室解冻一晚。

3）准备好玉米粒，冷藏保存。

食材

冷冻杂粮花卷60g　　三文鱼80g

鸡蛋1个　　　　　　圆白菜150g

玉米粒50g　　　　　坚果20g

红枣1个

盐、黑胡椒碎、橄榄油、花椒各适量

做法

1 将玉米粒和坚果用破壁机的豆浆或米糊模式，打成玉米坚果浆（需20~30min）。

2 将三文鱼用盐、黑胡椒碎腌制10~15min。

3 锅预热后转中小火，不用喷油（三文鱼油脂很丰富），将三文鱼煎至两面金黄，煎5~10min。同时锅内再煎蛋，用盐和黑胡椒碎调味。

4 用锅内残留的油脂，煎冷冻杂粮花卷，底部焦黄后倒入少许水焖2~3min。用手指按下，花卷的中间部位很软就表示成熟了。

5 焖煎蔬菜：锅内加少许橄榄油（保持小火低温），放入几颗花椒，将圆白菜放入锅内翻炒几下后，加水焖5min左右，再加盐调味。

6 将食物放入盘中。

7 将玉米坚果浆倒入杯中即可饮用。搭配红枣一同食用。

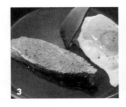

💡 巧思亮点

1）整个烹饪过程只用了一个锅，多种食物同时烹饪可以节省早上时间，清洗也比较容易。

2）这顿早餐的用油量＜4mL，《中国居民膳食指南（2022）》建议每天食用油的使用量不宜超过25mL，只在做蔬菜时用了少许橄榄油。

3）这盘食物含有多种食物的优质脂肪，这些脂肪是来自三文鱼、坚果和橄榄油中的不饱和脂肪酸，可以改变血液的黏稠度，预防心脑血管疾病。

春三月食谱 6

煎一夜渍小黄鱼/

紫菜蒸蛋羹/

水煎虫草花菠菜/

杂粮馒头/

蒸山药/

杂豆黑芝麻饮/

山核桃/

前一晚备餐

1）将菠菜、虫草花清洗后沥干，放入密封袋内冷藏3~4天。

2）将小黄鱼腌渍一晚。（做法见P33）。

3）自制油醋汁（做法见P18）。

4）将一把杂豆泡发一晚。

食材

冷冻杂粮馒头1个（约80g）	山药30g
小黄鱼80g	鸡蛋1个
菠菜100g	虫草花20g
紫菜碎适量	牛油果油少许
椒盐适量	油醋汁适量
杂豆50g	黑芝麻10g
山核桃10g	盐0.5g

做法

1＿将杂豆和黑芝麻先用破壁机（启用豆浆或米糊模式20~30min）打成黑芝麻豆浆。

2＿将鸡蛋打入容器中，加入等量的水、0.5g盐、适量紫菜碎搅拌均匀。

3＿将紫菜蛋液、山药、冷冻的杂粮馒头一起放入锅中蒸15min。

4＿将小黄鱼腌渍一晚上。

5＿锅预热至冒烟，倒少许牛油果油（或其他植物油），油表面出现波纹后下小黄鱼，不要翻动，煎至一面变色后再翻面，最后可撒点椒盐增加风味。也可用烤代替。

6＿将菠菜和虫草花焯水（含有草酸，食用前最好焯水），食用时搭配油醋汁。

7＿搭配少许山核桃。

8＿将豆浆倒入碗中。

💡 **巧思亮点**

1）紫菜可补钙、补铁，做成蛋羹，鲜美又营养。

2）春天降雨多，空气湿度大，宜多吃山药健脾。

3）豆制品是植物蛋白质最好的来源，将杂豆一起打成豆浆做成饮品，一举两得。

春三月食谱 7

香烤草鱼/
焖煎芹菜木耳/
姜黄松茸菜饭/
红酒炖水果/
坚果/

前一晚备餐

1 ） 将青菜清洗后沥干，放密封袋冷藏3～4天。

2 ） 将草鱼腌制一晚（做法参考P33）。

3 ） 将木耳和干松茸泡发后放冷藏。

食材

大米50g	草鱼100g
小白菜100g	芹菜30g
木耳40g	干松茸5g
水果100g	红酒200mL
坚果30g	橄榄油适量
姜黄粉1小勺	蛋液适量
面包糠适量	蒜末、花椒少许
黄豆酱1勺	

做法

1 _ 将水果和红酒一起蒸20min左右，将其中的酒精基本挥发掉。

2 _ 锅预热，加入少量橄榄油，注意油温不要太高，倒入切碎的小白菜，加少许盐煸炒至水分收干。

3 _ 倒入大米和水（大米最好提前浸泡20min，易熟且不易煳底）。

4 _ 加姜黄粉，加入几个泡发好的松茸，煮10～15min。

5 _ 检查米是否熟透，关火闷几分钟。

6 _ 将腌制过的草鱼重复此步骤2次：裹一遍蛋液，裹一遍面包糠。

7 _ 喷油后放空气炸锅或烤箱，180℃烤15min。

8 _ 焖煎法煎蔬菜：锅微预热，倒入橄榄油，加蒜末和花椒爆香后，放一把芹菜和木耳，倒少许水，加入黄豆酱，加盖小火焖几分钟。

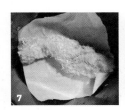

9 _ 水果炖红酒蒸熟后汁水可饮用。搭配坚果一同食用。

💡 **巧思亮点**

1 ） 姜黄粉具有活血化瘀的功效，对痛经有缓解作用，可在做米饭时适量加入。

2 ） 红酒是地中海饮食法的特色食物，不但能美容养颜，少量喝红酒对心脑血管健康也有帮助。

春三月食谱 8

水煮黑虎虾/
芹菜叶炒鸡蛋/
燕麦面包/
黑豆黑芝麻坚果饮/
酸奶燕麦片/

前一晚备餐

1）芹菜清洗沥干，茎叶分离，放密封袋冷藏（3~4天）。

2）冷冻黑虎虾放入冷藏室解冻。

3）将黑豆浸泡一晚。

4）自制希腊酸奶（做法参考P34）。

食材

燕麦面包50g	冷冻黑虎虾100g
芹菜叶50g	鸡蛋3个
橄榄油适量	大蒜适量
黑豆15g	黑芝麻5g
坚果15g	寿司酱油、芥末、盐、
	黑胡椒碎各适量

做法

1 _ 黑豆、黑芝麻、坚果先用破壁机的豆浆或米糊模式（20~30min）。

2 _ 冷冻的燕麦面包直接放入烤箱或空气炸锅复烤，用160℃烤5~10min。

3 _ 锅预热（烹饪蔬菜时不要预热到冒烟，微微热就行），转小火，倒少许橄榄油，放几粒花椒爆香，放入切碎的芹菜叶，翻炒几下后，打入鸡蛋，用铲子均匀地在芹菜叶表面涂抹即可，撒盐、黑胡椒碎调味。

4 _ 蛋液凝固到如图所示的程度时就可以装盘了，约5min，若加热时间过长会影响煎蛋的口感。

5 _ 将解冻后的黑虎虾冲洗下，不用腌制。

6 _ 锅内放大蒜（选用），倒入适量水，将黑虎虾焯熟（2~3min即可）。

7 _ 将打好的豆浆倒入容器中即可。

8 _ 搭配自制希腊酸奶和蘸料（寿司酱油、芥末）一同食用。

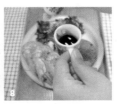

巧思亮点

1）芥末加入蘸酱中，特别适合怕冷、痰湿体质者食用，可发汗利尿。

2）芹菜叶直接扔掉会比较可惜，其实也可当作蔬菜来食用。

3）早餐中加入虾肉和蔬菜，代替主食配主食的单一搭配，不但能控糖，吃完后身体也会感觉很轻盈。

春三月食谱 9

烤鳗鱼/
咖喱杂蔬炒饭/
甜虾豆腐豆芽汤/
核桃/

前一晚备餐

菜花、西蓝花、豆芽清洗沥干，放入密封袋内冷藏（3~4天）。

食材

鳗鱼120g　　　　　甜虾30g

菜花60g　　　　　西蓝花60g

豆芽50g　　　　　洋葱丁50g

红薯丁50g　　　　咖喱粉2勺

冻豆腐50g　　　　核桃4个

姜末、生抽、料酒、白胡椒粉、盐、白芝麻、
葱花各适量

做法

1 _ 将买来的新鲜鳗鱼（建议使用河鳗，肉质
肥美、软嫩）中间的鱼骨剔掉，加入姜末、
生抽、料酒、白胡椒粉，至少腌制15min。

2 _ 水浴法烤鱼：在空气炸锅或烤箱底部倒
少许水，放上鳗鱼，喷少许油，180℃烤
15min。

3 _ 锅中加入适量水，煮沸后，加入豆芽、甜
虾和冻豆腐、菜花、西蓝花的梗，最后加
盐调味。

4 _ 将菜花和西蓝花切去梗，切成米粒大小的
菜粒。

5 _ 准备炒饭需要的食材：菜粒、洋葱丁、红
薯丁。

6 _ 锅内倒入橄榄油，油温不要太高，加入
2勺咖喱粉和洋葱丁，先爆香。

7 _ 再倒入菜粒。

8 _ 翻炒均匀。

9 _ 翻炒至颜色均衡后，加盐调味，出锅前撒
葱花。

10 _ 摆盘时在烤好的鳗鱼撒点白芝麻即可。搭
配核桃一同食用。

🔆 巧思亮点

1） 这道咖喱炒饭粗细搭配，还有丰富的蔬菜，
营养均衡。

2） 春天"倒春寒"时气温比较低，怕冷的女生
可以常吃咖喱。

煎鲈鱼/
槐花炒蛋/
水煎芦笋/
蒸红薯/
蒸山药/
燕麦花生饮/

前一晚备餐

1) 芦笋清洗沥干，放密封袋冷藏（3~4天）。

2) 冷冻海鲈鱼放入冷藏室解冻一晚。

食材

红薯、山药共130g   冷冻海鲈鱼80g

鸡蛋2个   槐花50g

牛油果油适量   芦笋100g

烘焙燕麦30g   花生酱1勺

蜂蜜半勺   白灼汁适量

盐、黑胡椒碎、甜椒粉、蜂蜜、花椒各适量

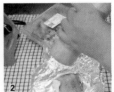

做法

1 _ 将红薯和山药蒸15~20min。

2 _ 海鲈鱼用盐和黑胡椒碎腌制10min。

3 _ 槐花简单冲洗后，加入鸡蛋、盐，搅拌均匀。

4 _ 锅预热，倒入少许牛油果油，加几粒花椒爆香（给海鲈鱼增加风味），将海鲈鱼皮一面朝下先煎至金黄后再翻面煎。肉厚需要煎10min左右。

5 _ 同时，锅内空白处倒入鸡蛋液。

6 _ 蛋液凝固后翻面，分成大块盛出。

7 _ 蔬菜焖煎法：用剩余的油继续煎芦笋，倒少许水焖2~3min后，加盐调味。

8 _ 煎好的鲈鱼可再撒点甜椒粉增加辣香味。

9 _ 破壁机内放入烘焙燕麦（烤过的燕麦更香）、花生酱、蜂蜜（"糖友"可不加）和水，破壁机搅拌模式。

10 _ 倒出饮品。搭配白灼汁一同食用。

💡 **巧思亮点**

1) 槐花是每年春季的时令蔬菜，清肝泻火。

2) 春天降雨多，空气中湿气大，可以多吃山药健脾，帮助运化湿气。

3) 春天适合吃点带辛味的香料，比如甜椒粉，有助于抒发肝气。

春三月食谱11

烤青花鱼/

水煎芦笋/

胡萝卜蛋卷/

荠菜猪肉大馄饨/

玉米燕麦饮/

坚果/

前一晚备餐

1) 选用的青花鱼是前一天做好的烤鱼（我分成两次食用）。将青花鱼提前处理并腌制（做法参考P33）。

2) 芦笋清洗沥干后，放入冰箱冷藏保存。

食材

荠菜大馄饨4~5个　　　冷冻熟青花鱼80g

芦笋100g　　　　　　鸡蛋2个

玉米粒30g　　　　　　燕麦奶200mL

燕麦15g　　　　　　　坚果30g

胡萝卜末适量　　　　　橄榄油适量

自制油醋汁适量

紫菜、盐、香油、葱花、鲜辣粉、香菜、甜椒粉各适量

做法

1 _ 将玉米粒和燕麦奶（也可换成燕麦和水）倒入破壁机内，启动豆浆模式，搅拌约20min。

2 _ 在容器内打入鸡蛋，加入胡萝卜末，加少许盐。

3 _ 锅微预热，转小火，喷橄榄油，倒入一层蛋液后取出备用（作为大馄饨汤底用），继续倒一层蛋液，凝固后就将蛋皮卷起，再喷油，倒一层蛋液，凝固后从上到下卷起，这样重复操作直到蛋液用完。

4 _ 将蛋皮从锅中取出，取部分蛋皮切丝备用，放在汤底会增加鲜美度。

5 _ 将其余蛋皮卷成蛋卷，切块。

6 _ 芦笋焯熟后捞出，调味加自制油醋汁（做法见P18）。

7 _ 将熟青花鱼（冷冻状态）用空气炸锅或烤箱160℃复烤10min。

8 _ 制作大馄饨汤底：将紫菜、盐、香油、葱花、鲜辣粉、蛋皮丝依次放入碗中。

9 _ 将冷冻的荠菜大馄饨煮熟。

10 _ 最后撒香菜和甜椒粉装盘。

11 _ 此时饮品也打好了。搭配坚果一同食用。

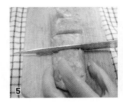

巧思亮点

1) 荠菜是春天的时令菜，荠菜味道清香，常作为馅料来包馄饨。

2) 我在馄饨的汤底中加了不少香料，如甜椒粉、鲜辣粉，有助于发汗。

春三月食谱 **12**

紫苏碎/
鸡肉韭菜蚕豆焖饭/
豆瓣杂蔬汤/

前一晚备餐

[🕐 共需 **60** min]

1） 韭菜、紫苏叶清洗沥干，放密封袋冷藏3～4天。

2） 最好买新鲜鸡腿肉，汁水多。冷冻鸡腿则需提前一晚解冻。

食材

大米50g　　　　　　鸡腿1个

韭菜50g　　　　　　口蘑50g

蚕豆50g　　　　　　胡萝卜30g

紫苏叶10g　　　　　牛油果油适量

姜片、盐、料酒、白胡椒粉、虾皮、白灼汁、
生抽各适量

做法

1 _ 大米加1.5倍左右的水，浸泡至少20min
（泡过的大米容易熟，可避免煳底）。

2 _ 鸡腿去皮后切丁（鸡皮属于饱和脂肪，尽
量少吃），加盐、料酒、白胡椒粉抓匀腌
制15min。

3 _ 将韭菜切成末、将胡萝卜、口蘑切丁，将
蚕豆剥好。其中一部分蚕豆用来做汤。紫
苏叶切碎备用。

4 _ 锅预热后，倒入牛油果油（肉类需要高温
煎制，最好食用烟点高的食用油），加入
姜片爆香，煎制边缘变色起皱后，倒入鸡
腿块翻炒至金黄。

5 _ 再加入蚕豆、蘑菇丁、胡萝卜丁翻炒，加
一点点生抽增加酱香风味。

6 _ 将泡好的米和水一起倒入锅内，小火盖盖
煮至米熟，约10min。其间，需要翻动几
下，避免煳底。水量不够就再加点水，水
多就开盖大火收汁。

7 _ 米饭熟了之后，关火，加入一把韭菜末，增
加鲜美度，搅拌均匀再闷5min。此时可以
尝尝味道，根据自己口味适量加盐。

8 _ 焖饭的时候来做汤，水煮沸后下蚕豆和杂
蔬（一般是冰箱剩余的蔬菜），加虾皮和
少许生抽调味。

9 _ 摆盘时可根据个人喜好，我加了紫苏叶一
起拌饭。搭配白灼汁一同食用。

💡 **巧思亮点**

1） 这道焖饭的食材丰富，有主食、有菜、有肉，营养均衡。

2） 焖饭中的蚕豆、韭菜都是提鲜的时令春菜，不用额外加其他提鲜调味料，鲜味来自食物本身。

香煎三文鱼脯/
水煎米苋/
春笋香菇槐花焖饭/
鱼丸紫菜汤/

前一晚备餐

1） 米苋清洗沥干，放密封袋冷藏（3~4天）。

2） 冷冻三文鱼放冷藏解冻一晚。

3） 干香菇冷藏后泡发一晚。

食材

大米50g　　　　　　冷冻三文鱼80g

鱼丸50g　　　　　　米苋150g

春笋50g　　　　　　槐花30g

干香菇10g　　　　　白灼汁适量

橄榄油、盐、青花椒、黑胡椒碎、虾皮、紫菜、鱼豆腐、香油、生抽、鲜辣粉、蒜瓣各适量

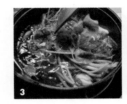

做法

1＿ 三文鱼切块，用盐和黑胡椒碎腌制。

2＿ 春笋和干香菇焯水2min后切丁。

3＿ 水煎法烹蔬菜：用焯春笋的水继续焯下米苋，放橄榄油、盐、青花椒、蒜瓣调味。

4＿ 锅微预热，倒橄榄油，油不要加热至冒烟，下笋丁和香菇丁，加少许生抽增加酱香味，翻炒至出香味约2min。

5＿ 倒入泡过的米饭（大米提前浸泡20min，水量和平时做米饭一样），泡过的米饭容易熟不煳锅。加盖大火煮开后转小火，其间底部要不停翻动以免烧煳。

6＿ 快出锅时，关火，加入槐花，搅拌均匀再焖5min。

7＿ 锅预热至冒烟，不用喷油，三文鱼油脂丰富，小火慢煎，油脂出来后加青花椒增加风味。最后煎至金黄出锅。

8＿ 水煮开后，放入鱼丸，虾皮、紫菜、鱼豆腐。调味加盐、香油、鲜辣粉。搭配白灼汁一同食用。

💡 **巧思亮点**

1） 青花椒作为我最常用的温性香料，适合我个人体质，烹饪蔬菜时用得最多，可以中和蔬菜的寒性。

2） 煎烤三文鱼时，一般不用加其他油，三文鱼本身就是油脂丰富的鱼类，多余的鱼油还可以做其他菜。

3） 食谱中的鱼丸是我用巴沙鱼做的自制鱼丸，平时也会把吃不完的鱼做成鱼饼。

春三月食谱 14

燕麦吐司/
煎洋葱牛肉片/
焖煎芦笋/
煎蛋/
豌豆玉米饮/
红枣/

前一晚备餐

1） 芦笋清洗沥干，放密封袋冷藏3～4天。

2） 冷冻火锅牛肉片冷藏解冻。

3） 准备玉米粒，剥好豌豆，将洋葱切丝。

[🕐 共需 **30** min]

食材

燕麦吐司1片	冷冻火锅牛肉片80g
鸡蛋1个	洋葱30g
芦笋100g	豌豆50g
玉米粒30g	红枣1个

牛油果油、盐、黑胡椒碎、橄榄油、花椒、奶酪
各适量

做法

1 _ 将玉米粒和豌豆放入破壁机内，启动"豆浆"或"米糊"模式，搅拌20～30min。

2 _ 将冷冻的燕麦吐司直接放入锅内用小火加热，中途翻面，约5min。

3 _ 将吐司片从锅内取出，锅倒入少许油（可用牛油果油，烟点相对橄榄油高），洋葱丝先用小火慢煎至透明，再煎火锅牛肉片，撒盐和黑胡椒碎，牛肉片变色就先捞出，以防肉质变老（牛肉煎30～60s）。

4 _ 在锅内空余地方再打一个鸡蛋，撒盐和黑胡椒碎调味。

5 _ 焖煎法煎蔬菜：锅内加少许橄榄油（保持小火低温），放入几粒花椒，将芦笋放入锅内翻动几下后，加水焖5min左右，再加盐调味。

6 _ 烤好的吐司上涂一层奶酪。

7 _ 将食物组装成三明治，早上可以食用少量的肉类。

8 _ 搭配饮品、红枣一同食用。

💡 **巧思亮点**

1） 肥胖人士可以选用低脂奶酪。

2） 饮食法中需要控制摄入红肉的频次，但不能完全不吃，以防止贫血。

3） 作为餐后甜点的红枣，可有效抑制食欲，甜味能给味蕾带来满足感。

春三月食谱 15

拌青稞面/
蛏子滑蛋/
蒜蓉红薯叶/
蚕豆/
百香果椰子饮/

前一晚备餐

1) 前一天将蛏子焯熟后去壳及肠，蛏子肉可冷冻保存，吃之前解冻。

2) 红薯叶清洗沥干，可冷藏保存3～4天。

食材

青稞面100g	蛏子80g
红薯叶100g	蚕豆50g
百香果1个	椰汁30mL

盐、黑胡椒碎、葱花、橄榄油、蛋液、大蒜、
生抽、香辣粉、香油各适量
白灼汁适量

做法

1 _ 先将青稞面和蚕豆煮熟，约10min。

2 _ 图为提前处理过的蛏子，早上可直接取用。

3 _ 锅微预热，倒橄榄油，油温不要太高，下
蛏子翻炒几下后倒入蛋液。

4 _ 蛋液快凝固时关火，表面撒盐、黑胡椒碎
调味，最后撒葱花出锅。

5 _ 用焖煎法炒蔬菜：锅内倒少许橄榄油，加
大蒜爆香后，放入红薯叶，加少量水焖
熟，出锅前加盐调味。

6 _ 准备拌面的葱油汁：将生抽、香辣粉、香
油、葱花倒入碗中，最后淋热油激发出
香味。

7 _ 拌入青稞面，加煮好的蚕豆。

8 _ 将百香果和椰汁用破壁机搅拌模式搅打均
匀，即可饮用。搭配白灼汁一同食用。

💡 巧思亮点

1) 蚕豆具有丰富的蛋白质和膳食纤维，能促进
肠胃蠕动。

2) 蛏子是饱腹感很强的食物，食用蛏子也能摄
入优质的蛋白质。

3) 若烹饪蔬菜时加的盐较少，享用时可蘸点白
灼汁使味道更丰富。

春三月食谱 16

杂粮饭/
香煎鸡排/
烤四季豆/
菠菜拌腐竹/
时蔬杂汤/

前一晚备餐

1） 四季豆、菠菜清洗后沥干，放密封袋冷藏（3~4天）。

2） 提前将鸡排进行腌制（腌制法参见P34）。

3） 杂粮饭中若有豆类需要将豆类浸泡一晚。

4） 将腐竹泡发后备用。

食材

杂粮米50g（大米与杂粮等量）

四季豆100g　　　　　　　菠菜50g

腐竹30g　　　　　　　　　干昆布1片

冰箱内剩余蔬菜100g

即食杂粮燕麦适量　　　　　腌制冷冻鸡排1块

油、生抽、牛肝菌油、蒜泥、盐、花椒粉、橄榄油、牛油果油各适量

做法

1 _ 在杂粮米中加入1.5倍左右重量的水，蒸50min。

2 _ 冷水中加干昆布（增加汤底鲜味），煮沸后放蔬菜，加少许生抽调味。

3 _ 将即食杂粮燕麦切碎。

4 _ 燕麦糠：锅内喷少许油，倒入燕麦碎，翻炒至变色或出香味。

5 _ 菠菜和腐竹焯水后捞出，倒入一部分燕麦糠（口感层次更丰富），加生抽和牛肝菌油调味。

6 _ 水浴法烤蔬菜：在四季豆加入蒜泥、盐、花椒粉、橄榄油拌均匀后，在空气炸锅或烤箱底部放少许水，烤10min。

7 _ 锅预热至冒烟，转小火，倒入牛油果油（高温烹饪需要烟点较高的食用油），将解冻后的腌制冷冻鸡排直接放入锅内煎。

8 _ 小火一直煎到两面金黄。

💡 巧思亮点

1） 用燕麦糠代替面包糠，不但口感相似，而且对控糖有帮助。

2） 水浴法烤蔬菜，不会让蔬菜因炙烤而流失水分，口感也更接近于炒菜。

春三月食谱 **17**

杂粮饭/
韭菜炒螺蛳肉/
清炒蚕豆/
油面筋虾滑汤/

前一晚备餐

[🕐 共需 **60** min]

1） 杂蔬清洗后沥干，放密封袋内冷藏（3~4天）。

2） 将冷冻虾滑从冷冻室转移至冷藏室解冻一晚上。

食材

冷冻杂粮饭80g　　　　　冷冻虾滑80g

螺蛳肉50g　　　　　　　韭菜段100g

杂蔬（冰箱中剩余的蔬菜100g）

蚕豆20g　　　　　　　　油面筋2~3个

盐、白胡椒粉、鲜辣粉、香油、大蒜、橄榄油、
虾米各适量

做法

1 _ 将虾滑塞进油面筋内。

2 _ 锅内水煮开后，加入油面筋、杂蔬，煮熟
　　后加盐、白胡椒粉、鲜辣粉、香油调味，
　　盛出。

3 _ 锅微预热，倒入少许橄榄油（油温不要太
　　高，不要冒烟），放入大蒜爆香，倒入蚕
　　豆，加水浸没，小火加盖煮10~15min。
　　煮至豆子软糯即可。

4 _ 大火将锅内水收干，加入一把韭菜段，撒
　　一点点盐调味即可。

5 _ 螺蛳肉在沸水中焯1min后捞出。

6 _ 锅内倒入少许橄榄油，将螺蛳肉下锅翻炒
　　几下。

7 _ 加入韭菜段，用虾米和盐调味（也可加少
　　许生抽代替盐，还可增加酱香味）。

8 _ 冷冻杂粮饭用微波炉加热一下。搭配白灼
　　汁一同食用。

💡 巧思亮点

1） 韭菜和蚕豆是春天吃得最多的时令菜了，体
　　寒者适合多吃这两种食材补阳。

2） 蚕豆属于较新鲜的豆类，也是优质的蛋白质
　　来源，饱腹感强又低脂，有助于减肥。

3） 鲜辣粉是由多种天然香料组成的调味料，包
　　含辛味香料，适合在春天食用。

全麦蛋饼卷紫苏叶/
烤虾滑/
焖煎芹菜/
蔬菜汁/
红枣/

前一晚备餐

[🕐 共需 **30** min]

1） 芹菜、紫苏叶清洗后沥干，放密封袋冷藏3~4天。

2） 冷冻虾滑放入冷藏室内解冻。

3） 制作泰式酸辣蘸酱（做法见P21）。

食材

冷冻全麦饼1张　　　　鸡蛋1个

冷冻虾滑80g　　　　　紫苏叶10g

芹菜段150g　　　　　蔬菜汁300mL

红枣1个　　　　　　　泰式酸辣蘸料适量

葱花、黑芝麻、盐、紫苏叶各适量

做法

1＿虾滑用勺子舀成圆球状，喷油后放空气炸锅或烤箱180℃烤10~15min。

2＿锅内喷少许油小火，放入冷冻全麦饼（无需蒸或解冻），再打入一个鸡蛋。

3＿用铲子打散后，撒葱花、黑芝麻和少许盐，蛋液凝固后翻面。

4＿紫苏叶撕碎后放入蛋饼上。

5＿将芹菜段放入锅中翻炒片刻，加盐调味。

6＿将蛋饼卷起后装盘。

7＿此时虾滑也烤好了。

8＿用泰式酸辣蘸料蘸虾滑。

9＿制作蔬菜汁：可用冰箱内多余的蔬菜，用破壁机搅拌模式打均匀。搭配红枣一同食用。

💡 巧思亮点

1） 紫苏是春夏的时令食材，药食同源，能解鱼虾毒，经常食用有助于解表散寒，预防感冒。

2） 芹菜中的膳食纤维有助于肠道通畅。

春三月食谱19

红豆陈皮粥/
烤三文鱼骨/
西葫芦蛋饼/
水煎油麦菜/
红豆水/

前一晚备餐

〔 🕐 共需 **30** min 〕

1） 红豆陈皮粥的做法见步骤1。

2） 油麦菜清洗后沥干，放密封袋冷藏3～4天。

3） 胡萝卜和西葫芦擦丝后冷藏备用。

4） 准备蘸料：将芝麻花生酱、米醋、少许生抽、香油拌匀。

5） 三文鱼骨用盐、黑胡椒碎冷藏腌制一晚。

食材

红豆80g　　　　　　　陈皮20g

三文鱼骨2～3块　　　　蛋液1个

油麦菜100g　　　　　　红豆水300mL

西葫芦丝、胡萝卜丝共150g

芝麻花生酱、米醋、生抽、香油、盐、橄榄油、
花椒粉、黑胡椒碎各适量

做法

1＿将红豆和陈皮放入高压锅内，加适量水，
用煮粥和预约模式，早起后就能直接喝煮
好的粥了。

2＿提前一晚用盐和黑胡椒碎腌制三文鱼骨。

3＿不用喷油，将三文鱼骨放入空气炸锅或烤
箱用180℃烤15min。

4＿将西葫芦丝和胡萝卜丝用少许盐腌制几分
钟，出水后口感更脆。

5＿锅预热后转小火（微预热就行，不要冒
烟），锅内喷少许橄榄油，放入西葫芦丝和
胡萝卜丝，再倒入蛋液，关火后闷2～3min
至表面蛋液凝固。

6＿拿出昨晚调好的蘸酱，用来拌油麦菜。

7＿用水煎法煮菜：锅内加少许橄榄油、花椒
粉、盐，加入油麦菜焯熟捞出。

8＿红豆水也可以作为饮品。

💡 巧思亮点

1） 油麦菜最脆嫩的季节是在4月。

2） 将红豆水当作饮品，在春天多雨湿气重的季
节饮用（如上海地区）可消肿、利尿、排湿。

3） 腐乳是发酵食物，但也算腌制品，适量食用
即可，切勿过量食用。

4） 三文鱼骨相对于三文鱼价格非常便宜，性价
比较高。

春三月食谱 20

杂粮饭/
烤比目鱼/
香椿蚕豆炒春笋/
小吊梨汤/
红枣/

前一晚备餐

〔 🕐 共需 **60** min 〕

1） 香椿清洗后沥干，放密封袋内冷藏3～4天。

2） 将冷冻比目鱼放到冷藏室解冻一晚。

3） 杂粮饭中若有豆类需要提前浸泡一晚。

食材

杂粮米50g（大米与杂粮等量）

冷冻比目鱼100g　　　　　　春笋100g

香椿50g　　　　　　　　　　蚕豆50g

红枣1个

雪梨皮、雪梨肉丁、即食银耳、九制话梅、枸杞、
冰糖、盐、黑胡椒碎、花椒粉、小米辣各适量

做法

1＿ 在杂粮米中加入米重量1.5倍的水，蒸
50min。

2＿ 小吊梨汤：将雪梨皮、雪梨肉丁、即食银
耳（可不加）、九制话梅、枸杞、水放入
锅中，大火煮开后转小火煮50min，最后
可加点冰糖（"糖友"可不加）。

3＿ 比目鱼撒盐和黑胡椒碎腌制10min。

4＿ 水浴法烤鱼：烤箱或空气炸锅底部放少许
水，比目鱼表面喷少许油，180℃烤15min。

5＿ 春笋切丁，蚕豆剥好备用。

6＿ 春笋焯水后切成薄片，不换水，继续焯香
椿，捞出后切碎。

7＿ 锅微预热，倒入少许橄榄油（油温不要太
高，热锅冷油），加入花椒粉、小米辣先
爆香，倒入春笋和蚕豆，加少许水加盖焖
10min至蚕豆熟，最后加入香椿碎，加盐
调味。

8＿ 此时小吊梨汤和杂粮饭也同时做好了。搭
配红枣一同食用。

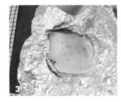

💡 **巧思亮点**

1） 用水浴法烤的鱼肉质不会发干，且鲜嫩多汁。

2） 在上海，春笋和蚕豆是每家必吃的时令食材。

3） 春季气候十分干燥，喝上一碗梨汤能生津润燥。

春笋豌豆香椿焖饭/
烤带鱼/
裙带菜汤/
红枣/
巧克力/

前一晚备餐

[⏱ 共需 **60** min]

1）香椿清洗后沥干，放密封袋冷藏3~4天。

2）冷冻带鱼放入冷藏室内解冻一晚。

食材

大米40g　　　　　　　冷冻带鱼3块

春笋100g　　　　　　　香椿50g

胡萝卜丁50g　　　　　　豌豆50g

紫菜、葱段、虾皮、盐、香油、生抽、红枣、
黑巧克力各适量

做法

1 ＿ 带鱼清洗干净后，至少腌制15min（腌制
方法见P33），剩下的带鱼可冷藏保存。

2 ＿ 水浴法烤鱼：在空气炸锅或烤箱底部放入
少许水，将带鱼烤15min左右，无需翻面。

3 ＿ 在春笋中间切一刀，剥壳、切丁。

4 ＿ 将笋丁、豌豆焯水后捞出。

5 ＿ 将香椿放入沸水中焯（亚硝酸含量较多，
务必要焯水），捞出后切碎。

6 ＿ 锅内倒入少许橄榄油，油温不要太高，倒
入笋丁、豌豆和胡萝卜丁翻炒，倒入少许
生抽增加酱香。

7 ＿ 将大米倒入电饭煲中（大米需提前泡20min，
容易熟），水量比平时煮米的量稍微多一
点，盖盖小火煮熟。若水太多，可开盖大火
收汁，若水太少，底部容易焦，需要补水。

8 ＿ 大米煮熟后，关火，加入香椿碎，搅拌下
再闷5min。此时可以尝尝咸淡，根据自己
口味适量加盐。

9 ＿ 将烤好的带鱼和焖饭盛入盘中。

10 ＿ 制作裙带菜汤：将紫菜、葱段、虾皮、
盐、香油、生抽、水放入容器中，微波炉
高火加热3~4min。搭配红枣和黑巧克力
一同食用。

💡 **巧思亮点**

1）用水浴法代替需要较高油温煎炸的做法做带
鱼，可避免摄入过多油脂。

2）香椿有一定的药用功效，在春天适量食用可健
脾开胃、补充阳气，也适合平时怕冷的人群。需要注意切勿过量食用，以免引起亚硝酸盐中毒。

3）将红枣作为饭后甜点，能有效抑制食欲，甜味也能让人满足。不过"糖友"需要注意，红枣糖分较
高，不宜过量食用。

夏三月 **21** 道人气食谱

夏三月食谱 1

杂粮花卷/
煎海鲈鱼/
紫苏煎蛋/
油煎番茄片/
油煎白玉菇/
拿铁咖啡/
坚果/

前一晚备餐

[🕐 共需 **30** min]

1） 海鲈鱼的处理和腌制（做法参考P33）。

2） 大紫苏叶清洗沥干后，冷藏保存。

食材

冷冻杂粮花卷60g	海鲈鱼80g
番茄2片	白玉菇50g
大紫苏叶3片	鸡蛋1个
坚果30g	盐、黑胡椒碎各适量
浓缩咖啡液100mL	牛奶200mL

做法

1 _ 将鸡蛋打入碗中，搅拌均匀，加盐和黑胡椒碎调味。将冷冻杂粮花卷蒸15min。

2 _ 将大紫苏叶两面蘸蛋液备用。

3 _ 锅微预热，转小火，喷少许油，将海鲈鱼片皮朝下煎至金黄。

4 _ 同时锅内空余地方再煎大紫苏叶，两面煎十几秒左右。

5 _ 将海鲈鱼翻面，另一面也煎至金黄，煎约10min。

6 _ 用锅内残留的油继续煎番茄片和白玉菇，将白玉菇撒盐、黑胡椒碎调味。

7 _ 将蒸好的花卷一起装盘。

8 _ 杯中倒入牛奶，加入浓缩咖啡液。搭配坚果一同食用。

💡 **巧思亮点**

夏天胃口不好的时候，可多食酸味食物，开胃且生津止渴，例如当季的番茄。

夏三月食谱 2

馄饨/
烤比目鱼/
蟹肉棒拌黄瓜花/
煎姬松茸/
荞麦茶/

前一晚备餐

1）将冷冻比目鱼放入冰箱冷藏室内解冻一晚。

2）黄瓜花清洗、沥干后，放冷藏室内保存。

食材

大馄饨4个 　　　　　　　　比目鱼80g

黄瓜花100g　　　　　　　　姬松茸100g

荞麦茶300mL

盐、黑胡椒碎、生抽、蒜泥、凉拌醋、香油、芝麻酱、柠檬汁、蟹肉棒各适量

做法

1 ＿ 将比目鱼用盐和黑胡椒碎腌制15min（比目鱼略腥，若对腥味敏感可再加料酒、姜片去腥）。

2 ＿ 姬松茸洗净后切半。

3 ＿ 将姬松茸焯水2min，去除泥腥味。

4 ＿ 将黄瓜花焯熟后捞出备用。

5 ＿ 下入大馄饨煮熟。

6 ＿ 将蟹肉棒撕条。

7 ＿ 将蟹肉棒和黄瓜花一起拌匀，加入生抽、蒜泥、凉拌醋、香油调味。

8 ＿ 锅微预热后，喷少许橄榄油，将姬松茸小火慢煎，两面煎至金黄，用盐和黑胡椒碎调味。

9 ＿ 制作馄饨的蘸料：将芝麻酱、生抽、香油、柠檬汁拌匀。

10 ＿ 搭配荞麦茶即可食用。

💡 巧思亮点

1）在夏天，冷馄饨搭配酸酸的酱汁很开胃。

2）在夏天，用中式凉拌菜代替西式色拉，不但不会摄入很多的油脂，而且更易消化。

夏三月食谱 3

山药杂粮饭/
日式鳗鱼/
焖煎空心菜/
紫菜蛋丝汤/

前一晚备餐

共需 **30** min

1） 空心菜清洗、沥干后，冷藏保存。

2） 山药杂粮饭可一次性烹饪好分装冷冻。

食材

冷冻山药杂粮饭130g　　　日式烤鳗鱼200g

空心菜200g　　　　　　　鸡蛋1个

大蒜、花椒、橄榄油、盐、虾皮、紫菜、香油、
葱花、香辣粉、芝麻各适量

做法

1_ 将买现成的日式烤鳗鱼分切、处理，将吃
不完的部分冷冻保存。

2_ 将日式烤鳗鱼用空气炸锅或烤箱160℃复
烤5~10min。

3_ 小锅微预热，转小火，喷薄油，将鸡蛋打
散，倒入锅内形成薄薄一层蛋皮就夹出。

4_ 将蛋皮卷起后切丝备用。

5_ 水煎蔬菜：锅内水开后加大蒜、花椒、橄
榄油，加入一把空心菜，煮熟后捞出。

6_ 将一部分蛋皮做成"懒人汤"：将蛋皮丝、
盐、虾皮、紫菜、香油、葱花、香辣粉放
入碗中，用开水冲泡。

7_ 将冷冻的山药杂粮饭用微波炉加热
1~2min，或者蒸15min，最后撒点芝麻
装饰。

💡 **巧思亮点**

1） 其实并不一定每顿饭都亲自做，买熟食回
来，可节省不少精力。

2） 空心菜是夏天的时令菜，鲜嫩又爽口。

3） 做杂粮饭时可加一些淀粉类蔬菜，比如山
药、红薯等，口感更丰富。

夏三月食谱 4

葱花杂粮馒头片/
虾仁滑蛋/
水煎菠菜/
煎蘑菇/
简易双皮奶/

前一晚备餐

1） 菠菜清洗沥干后，放入冰箱冷藏保存。

2） 将冷冻杂粮馒头和虾仁放冷藏室解冻一晚。

3） 自制油醋汁（做法见P18）。

[🕐 共需 **30** min]

食材

冷冻杂粮馒头100g　　　　虾仁80g

菠菜800g　　　　　　　　蘑菇片100g

鸡蛋2个　　　　　　　　　牛奶150mL

糖、盐、黑胡椒碎、蒜泥、橄榄油、葱花、花椒、
甜椒粉各适量

做法

1 _ 将牛奶、蛋清、少许糖（"糖友"可不加）
放入容器中搅拌均匀。

2 _ 过筛后蒸15min。

3 _ 将剩余的蛋黄和虾仁一起混合，加盐、黑
胡椒碎搅拌均匀。

4 _ 制作蒜泥酱：将蒜泥、橄榄油、葱花、盐
在容器中拌匀。

5 _ 锅微预热，喷薄油，转小火，先将步骤3
的虾仁蛋液倒入锅内。

6 _ 将解冻后的杂粮馒头切片，在锅的空余地
方烤，煎到两面变色。同时再放入蘑菇
片，加盐、葱花调味。

7 _ 将虾仁煎蛋翻面煎熟。

8 _ 水煎法烹蔬菜：锅内剩余的油脂不要浪
费，倒入水煮开，用盐、花椒调味，放入
菠菜焯熟。

9 _ 在烤好的馒头片表面涂抹蒜泥酱。

10 _ 此时双皮奶也蒸好了。倒点油醋汁，用来
蘸蔬菜。摆盘时撒点甜椒粉，提升风味。

💡 巧思亮点

1） 没有较长的时间能做早饭时，可以将多种食
物同时放入锅内煎，可节约时间。

2） 甜椒粉属于天然香料，对于不能吃辣的人比
较友好，有辣香但不辣。

3） 馒头属于发酵食品，烤馒头片还能养胃，中
和胃酸，胃胀、消化不良者可以试试。

夏三月食谱 5

拌荞麦面/
烤掌中宝/
豆角丝凉拌胡萝卜丝/
煎豆干/
荸荠汁/

前一晚备餐

自制油醋汁（做法见P18）。

食材

荞麦面65g	掌中宝120g
豆角150g	胡萝卜丝120g
豆干100g	荸荠300g

盐、蒜粉、料酒、生抽、白胡椒粉、橄榄油、苹果醋、蒜泥、生抽、甜椒粉、油醋汁、花生酱各适量

做法

1 _ 将掌中宝（鸡爪中间的脆骨）用盐、蒜粉、料酒、生抽、白胡椒粉腌制15min。

2 _ 掌中宝烤前喷油（加点燕麦麸皮一起烤，可丰富口感），放空气炸锅或烤箱180℃烤15min。

3 _ 豆角焯水后切丝。

4 _ 将豆角丝和胡萝卜丝加入调味料后凉拌（橄榄油、苹果醋、蒜泥、生抽）。

5 _ 锅微预热转小火，喷少许橄榄油，油温不要太高，放入豆干两面煎至金黄，加少许水焖1min，出锅前撒椒盐、甜椒粉。

6 _ 将荞麦面放入锅中煮熟。

7 _ 荞麦面拌汁：自制油醋汁+花生酱。

8 _ 将拌汁淋在荞麦面上。

9 _ 烤好的掌中宝，外脆里嫩。

10 _ 将荸荠用破壁机打汁后过滤。

💡 巧思亮点

荸荠清热化痰，夏天最常见，打成汁水后饮用可生津止渴。

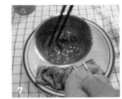

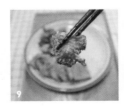

夏三月食谱 6

烤贝贝南瓜/
烤山药/
洋葱炒牛肉/
煎蛋/
水煎芥蓝/
仙人掌百香果饮/

前一晚备餐

[🕐 共需 **30** min]

1） 将贝贝南瓜切小块，山药洗干净。

2） 将洋葱切丝后冷藏备用。

3） 将冷冻火锅牛肉片放到冷藏室解冻一晚。

4） 将芥蓝清洗沥干后，可冷藏保存3～4天。

5） 将可食用仙人掌冷藏备用。

食材

贝贝南瓜120g　　　　　　山药60g

冷冻火锅牛肉片100g　　　芥蓝、洋葱共130g

鸡蛋1个　　　　　　　　可食用仙人掌50g

百香果1个　　　　　　　白灼汁适量

盐、黑胡椒碎、花椒粉、盐、橄榄油各适量

椰汁适量

做法

1 _ 将贝贝南瓜切成块（贝贝南瓜较硬，切的时候需稍微用力）。

2 _ 将贝贝南瓜和山药放空气炸锅或烤箱，180℃烤10～15min。

3 _ 锅微预热，喷薄油，打入鸡蛋，用盐和黑胡椒碎调味。

4 _ 将洋葱丝用小火煸炒至透明。

5 _ 放入火锅牛肉片，两面煎至变色后，用盐和黑胡椒碎调味。

6 _ 用水煎法煎蔬菜：水中放入花椒粉、盐、橄榄油，放入芥蓝煮熟。

7 _ 将可食用仙人掌去皮。

8 _ 将仙人掌肉、百香果、椰汁用破壁机搅拌，过滤后即可饮用。搭配白灼汁一同食用。

💡 **巧思亮点**

仙人掌可清热去火，除了能做成饮品外，果肉还可做成凉拌菜，适合在夏天食用。

夏三月食谱 7

凉拌荞麦面/
烤青花鱼/
水煎空心菜/
蒸蛋/
希腊酸奶/

前一晚备餐

〔🕐 共需 **30** min〕

1) 青花鱼处理及腌制（做法参考P33）。

2) 自制油醋汁（做法见P18）。

3) 空心菜洗净、沥干后，可放冷藏3~4天。

4) 自制希腊酸奶（做法参考P34）。

食材

荞麦面65g   青花鱼100g

空心菜150g   鸡蛋1个

希腊酸奶100g

盐、花椒、橄榄油、姜末、燕麦麸皮、自制油
醋汁各适量

做法

1 _ 将提前腌制好的青花鱼用水浴法（即空
气炸锅或烤箱底部放少许水）180℃烤
15min。青花鱼油脂丰富，无需再喷油。

2 _ 锅微预热，倒少许橄榄油，将姜末和燕麦
麸皮炒出香味备用。

3 _ 荞麦面煮熟捞出。

4 _ 锅内不换水，继续用水煎法加热空心菜，
加盐、花椒、橄榄油调味。

5 _ 制作荞麦面的拌汁：在步骤2的姜末麸皮
中加入自制油醋汁。

6 _ 空心菜焯熟后加点步骤2的姜末燕麦麸皮
提升口感。

7 _ 将鸡蛋蒸7~8min。

8 _ 无糖希腊酸奶中也可放入步骤2的姜末麸
皮，提升口感。

💡 巧思亮点

1) 燕麦麸皮属于低GI食物，营养丰富，平时除
了可放入饮品中外，还可加入其他食物中丰
富口感。

2) 夏季吃适量的姜还有升发阳气、开胃健脾等
功效。

煎荠菜馄饨/
煎草鱼/
煎蛋/
煎牛油果片/
煎菌菇/
豆浆/

前一晚备餐

腌制草鱼（做法参考P33）。

[🕐 共需 **30** min]

食材

冷冻荠菜馄饨4个   草鱼100g

牛油果半个   蘑菇80g

鸡蛋1个   豆浆300mL

甜椒粉适量

做法

1 — 将牛油果切片。

2 — 将草鱼提前腌制好。

3 — 锅微预热，喷薄油，将草鱼、蘑菇、鸡蛋同时煎，也可放入牛油果进行加热。

4 — 草鱼煎至两面变色即可，约10min。

5 — 锅内再放少许油，放入冷冻荠菜馄饨，煎至底部金黄后加少许水，加盖焖3~5min。

6 — 图为大馄饨煎好后的状态。

7 — 倒入现成豆浆。

8 — 食用前撒适量甜椒粉提升风味。

💡巧思亮点

1）草鱼是较家常的河鱼，食用时最好选用中段。

2）夏天气温炎热吃不下热的食物，可以将馄饨煎制后食用，搭配醋很开胃。

3）当食物的味道比较清淡时，可以加点甜椒粉类香料增添风味。

夏三月食谱 9

杂粮饭/
烤鸡翅/
丝瓜拌芡实/
葱油素鸡/
杂蔬酸辣汤/

前一晚备餐

腌制鸡翅。

食材

冷冻杂粮饭100g   鸡翅2个

丝瓜200g   素鸡2块

鸡蛋1个   芡实50g

冰箱内剩余杂蔬200g   山药100g

盐、蒜粉、料酒、姜片、芡实、生抽、香油、
花椒油、蒜蓉、橄榄油、葱段、生抽、陈醋、
白胡椒粉、鲜辣粉、白芝麻各适量

做法

1 _ 提前一天腌制鸡翅：用盐、蒜粉、料酒、
姜片将鸡翅抓匀（至少腌制30min以上，
腌制一晚更入味）。

2 _ 将鸡翅放入空气炸锅或烤箱内，不用喷油
（鸡皮油脂丰富），180℃烤20min左右，其
间需要翻面。

3 _ 将丝瓜和芡实煮熟后捞出，用生抽、香
油、花椒油、蒜蓉调味。

4 _ 将素鸡切块、焯水后备用。

5 _ 锅微预热，转小火，倒入橄榄油，加入葱
段爆香。放入素鸡煎至两面金黄后加少许
水焖1~2min至素鸡吸水膨胀，最后大火
收汁。

6 _ 将山药擦成泥。

7 _ 锅内加入适量水，烧开后加入冰箱内剩余
杂蔬，加入山药泥。

8 _ 给酸辣汤调味：依次加入生抽、陈醋、白
胡椒粉、鲜辣粉。最后关火，打入蛋液。

9 _ 摆盘时可在鸡翅上撒少许白芝麻，将冷冻
杂粮饭用微波炉加热。

🔆 巧思亮点

1） 丝瓜是夏季的时令食材，味道清淡、口感软糯。

2） 制作酸辣汤时加了大量香料，喝后容易发汗排湿。

3） 新鲜芡实口感软糯，加在凉拌菜中不但能丰富口感，还能增加饱腹感。

4） 制作酸辣汤时用到的蔬菜可以根据实际情况进行替换，不浪费。

夏三月食谱 10

杂粮花卷/
煎三文鱼/
莲子凉拌时蔬/
煎蛋/
苹果醋青柠苏打水/
坚果/

前一晚备餐

1）莲子提前一晚剥好后去心。

2）冷冻三文鱼放到冷藏室解冻一晚。

3）豌豆苗清洗沥干后，可冷藏保存3～4天。

4）胡萝卜擦丝，放入冰箱冷藏室第二天一早备用。

[⏱ 共需 **30** min]

食材

冷冻杂粮花卷60g　　　冷冻三文鱼100g

豌豆苗80g　　　　　胡萝卜丝20g

莲子30g　　　　　　鸡蛋1个

坚果30g

盐、黑胡椒碎、苹果醋、黄芥末酱、橄榄油、
绿芥末、蜂蜜、苏打水、青柠檬片各适量

做法

1 _ 三文鱼用盐、黑胡椒碎腌制10min。

2 _ 将豌豆苗和胡萝卜丝焯熟。

3 _ 将莲子去心，直接生吃，口感更脆嫩。

4 _ 将苹果醋、黄芥末酱、橄榄油、绿芥末、
蜂蜜调成沙拉汁（"糖友"可不加）。

5 _ 将沙拉汁拌入步骤2的食材中。

6 _ 锅预热，喷少许油，同时煎三文鱼、鸡
蛋、冷冻杂粮花卷。

7 _ 杂粮花卷最后加少许水再焖2min左右。

8 _ 图为煎好的杂粮花卷。

9 _ 将少许苹果醋、苏打水调匀，放入青柠檬
片即可。搭配坚果一同食用。

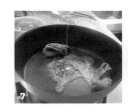

💡 **巧思亮点**

1）夏天吃中式沙拉相对更容易消化，蔬菜量也
比西式沙拉大。

2）在炎热、烦躁的三伏天，特别容易上火，若出
于降火的目的，可以吃新鲜的带心莲子降火。

3）夏天喝点带酸味的饮品可助消化。

夏三月食谱11

杂粮花卷/

蒸红薯/

烤小黄鱼/

姜丝杂蔬拌腰豆/

煎蛋/

红豆汤/

前一晚备餐

1） 小黄鱼处理及腌制见P33。

2） 将红腰豆提前浸泡一晚，并用高压锅的"预约"模式进行预约。

3） 生菜清净、沥干后，可冷藏2天。

[共需 **30** min]

食材

红薯60g　　　　　冷冻杂粮花卷30g

小黄鱼3条　　　　生菜100g

胡萝卜丝30g　　　鸡蛋1个

红腰豆30g

椒盐、甜椒粉、盐、姜丝、黑胡椒碎、柠檬片、
坚果碎各适量

做法

1 _ 红腰豆放高压锅内浸泡一晚，启动高压锅
的"预约"模式，这样在第二天早上就能
吃到熟的红腰豆。

2 _ 用高压锅煮红腰豆比较节省时间，还可将
煮豆子的汤作为饮品。

3 _ 早上先把红薯和冷冻杂粮花卷蒸15～
20min。提前腌制好的小黄鱼，根据个人
口味撒椒盐和甜椒粉，用水浴法烤鱼（鱼
肉不发干）：空气炸锅或烤箱底部倒少许
水，180℃烤10～15min。

4 _ 生菜用少许盐抓拌使水分析出，口感也会
更脆。

5 _ 锅微预热后，倒少许油，先煎鸡蛋。

6 _ 将姜丝煎至焦黄使辛辣的口感变淡。

7 _ 再倒入胡萝卜丝和生菜，炒熟，加盐、黑
胡椒碎调味出锅。

8 _ 加入红腰豆、坚果碎。挤入柠檬汁后食用。

💡 **巧思亮点**

1） 如果在早上有胃泛酸的毛病，在夏天的早上可以吃点姜，可以抑制胃酸的分泌。

2） 用中式熟沙拉代替西式生食沙拉，更适合中国人的脾胃。

3） 平时煮豆的水不要浪费，可作为一餐的饮品。

夏三月食谱12

杂粮饭/
煎红鱼/
水煎绿叶菜/
蒜泥凉拌藕片/
丝瓜虾滑汤/

前一晚备餐

[🕐 共需 **60** min]

1） 青菜清洗后沥干，可冷藏保存3~4天。

2） 冷冻虾滑放冷藏室内解冻。

食材

冷冻杂粮饭130g

红鱼80g

冷冻虾滑50g

绿叶菜80g

藕片80g

丝瓜80g

老豆腐50g

盐、黑胡椒碎、料酒、姜片、橄榄油、花椒、香菜、生抽、苹果醋、蒜泥、大蒜、小米辣各适量

做法

1 将红鱼用盐、黑胡椒碎、料酒、姜片简单腌制15min（夏天最好放入冷藏室内腌制）。

2 锅预热后转小火，喷少许油后煎红鱼，将带鱼皮一面先煎，煎至两面金黄，煎7~10min后盛出。

3 用水煎法煮绿叶菜：水中放橄榄油、花椒、姜片煮开后，加一把蔬菜炒熟后捞出。

4 将藕片切丝、焯水后凉拌，用香菜、生抽、苹果醋（或凉拌醋）、蒜泥、橄榄油调味。

5 锅预热后倒少许橄榄油，放入姜片和大蒜爆香后，放入丝瓜炒至稍微上色。

6 丝瓜上色后，加适量水，放入老豆腐、虾滑煮熟后加盐调味，加入小米辣点缀。

7 将冷冻杂粮饭用微波炉加热。盛入盘中，即可食用。

💡 **巧思亮点**

1） 炎热的夏季适合吃姜，可将姜片与蔬菜一同调味，姜片和丝瓜搭配，一温一寒互相中和。

2） 夏天燥热，适合吃莲藕等清热解暑的蔬菜，不但热量低还能预防便秘。

夏三月食谱 **13**

煮大楂子/
煎带鱼/
凉拌薄荷圣女果/
煎蛋/
豆腐花/
大楂子米汤/

前一晚备餐

1） 玉米糁浸泡一晚，放高压锅内用"预约"模式煮。

2） 将带鱼用盐、姜片、料酒腌制。

食材

玉米糁130g 　　　　　　带鱼3块

圣女果150g 　　　　　　鸡蛋1个

内酯粉适量 　　　　　　豆浆500mL

生抽、虾皮、紫菜、醋、葱花、薄荷叶、蒜泥、

橄榄油、盐、黑胡椒碎、姜片、料酒各适量

做法

1＿ 前一晚将玉米糁浸泡在高压锅内，预约到早上煮熟。

2＿ 在内酯粉内加少许水拌均匀。

3＿ 一包500mL左右现成豆浆煮沸后，倒入内酯水，拌匀后加盖焖15min。

4＿ 制作豆腐花卤汁：将水、生抽、虾皮、紫菜、醋少许、葱花一起放入锅中煮沸。

5＿ 将自种薄荷叶择下来撕碎。

6＿ 将圣女果、薄荷叶碎、蒜泥、橄榄油拌匀即可。

7＿ 将前一晚腌制好的带鱼放锅内煎至两面金黄，同时再打入1个鸡蛋，加盐、黑胡椒碎调味。

8＿ 此时豆腐花已焖至成形，舀入碗中后淋上卤汁。

9＿ 将预约煮好的大糁子粥中的米粒捞出。

10＿ 将大糁子米汤作为饮品单独喝。

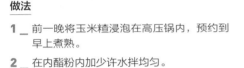

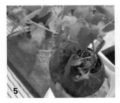

💡 **巧思亮点**

1） 夏天适合自己种些香草，比如薄荷、香菜等，用于制作凉拌菜。

2） 用买来的现成纯豆浆，就能快速做出豆腐花。

3） "糖友"控糖时，可将大糁子粥"干湿分离"来吃，避免升糖速度过快。

罗氏沼虾/
煎豆腐/
糟毛豆/
煮豌豆/
番茄冬瓜汤/

前一晚备餐

1） 准备糟卤汁、糟虾、糟毛豆。

2） 自制油醋汁（做法见P18）。

3） 地瓜叶清洗干净、沥干后，可冷藏3～4天。

食材

罗氏沼虾100g	红薯叶150g
冬瓜100g	番茄1个
豌豆30g	毛豆30g
老豆腐50g	花雕酒30mL

花椒粒少许

糟卤汁（做法见步骤1）100mL

姜片、葱段、橄榄油、大蒜、盐、芡实、自制
油醋汁、虾仁干各适量

做法

1 _ 前一天先准备糟卤汁：将100mL糟卤、
30mL花雕酒、20mL水（调节咸度）、几
粒花椒拌匀。

2 _ 水开后放姜片和葱段，放入罗氏沼虾，焯
熟后捞出。

3 _ 将罗氏沼虾剪掉虾须，倒入糟卤汁冷藏腌
制一晚。

4 _ 在毛豆中加入适量盐，揉搓一会儿，去掉
表面绒毛。

5 _ 水开后把毛豆煮4～5min。

6 _ 倒入糟卤汁冷藏一晚。

7 _ 第二天，将老豆腐焯水，切块后，煎至两
面金黄，食用时蘸油醋汁。

8 _ 水煎法烹蔬菜：水中加花椒粒、橄榄油、
大蒜、盐。将豌豆、红薯叶一起焯熟。

9 _ 将冬瓜、番茄切块。

10 _ 先将冬瓜煎至变色后，倒入番茄块翻炒几
下，加适量水没过食材煮至冬瓜软烂，并
加点芡实、虾仁干、盐调味。

💡 巧思亮点

1） 毛豆属于新鲜豆类，含有优质蛋白质，适合
在夏季食用。

2） "糟货"是夏天的特色食物，夏天吃糟卤类食
物可促进消化，增进食欲。

3） 新鲜芡实口感软糯，加入汤中不但能丰富口
感，还可健脾。

蘑菇蛋饼/
煎三文鱼/
焖煎空心菜/
煮红腰豆/
豆浆泡燕麦/

前一晚备餐

1） 红腰豆浸泡一晚后，放高压锅用"预约"模式煮熟。

2） 冷冻三文鱼放冷藏室解冻一晚。

食材

燕麦片50g　　　　　冷冻三文鱼100g

空心菜100g　　　　　香菇片100g

鸡蛋1个　　　　　　红腰豆30g

豆浆300mL

寿司酱油、绿芥末、葱花、橄榄油、花椒、盐、
黑胡椒碎、紫苏叶各适量

做法

1 ＿ 锅预热，不用喷油，将三文鱼块直接放锅
里煎，熟度可根据个人喜好。

2 ＿ 锅内倒入少许橄榄油，倒入香菇片，加水焖
1～2min。

3 ＿ 鸡蛋打散后倒入锅中，关火，用余温煮熟。

4 ＿ 加盐、黑胡椒碎调味，出锅撒葱花。

5 ＿ 水煎法煮蔬菜：锅内水中倒入橄榄油、花
椒、盐、一把空心菜。

6 ＿ 将红腰豆提前一天预约煮好。

7 ＿ 豆浆煮开（买现成的更方便），用豆浆（可
代替牛奶）将燕麦片冲开。

8 ＿ 将三文鱼蘸寿司酱油配绿芥末食用，并搭
配紫苏叶一起食用。

💡 巧思亮点

1） 对于不适合喝牛奶的人群，可以改喝豆浆，
用来冲泡燕麦味道也不错。

2） 豆类是地中海饮食法中的重要食材之一，平
时可以备些熟豆冷藏保存。

3） 将三文鱼搭配绿芥末、紫苏叶一起食用，可
中和它的寒性。

夏三月食谱 16

寿司杂粮饭/
香菜拌牛肉/
水煎红薯叶/
杂粮饭米汤/

前一晚备餐

[🕐 共需 **60** min]

1） 红薯叶洗净沥干，可冷藏保存3～4天。

2） 将冷冻牛肉片、寿司豆皮放入冷藏室解冻一晚。

食材

杂粮饭70g   冷冻牛肉片100g

红薯叶150g   冷冻寿司豆皮1个

杂粮饭米汤200mL

大葱段、蒜末、花椒、盐、橄榄油、苹果醋、
香菜、葱花、小米辣、蒸鱼豉油各适量

做法

1 ＿ 将牛肉片从冷藏室取出备用。

2 ＿ 锅内水煮开，放大葱段去腥，将牛肉片焯
熟，变色就捞出，否则肉质会变老。

3 ＿ 水煎法蔬菜：锅内放蒜末、花椒、盐、橄
榄油，加入一把红薯叶煮熟后捞出。

4 ＿ 将寿司豆皮对切成两半，塞入杂粮饭。

5 ＿ 米饭中淋少许苹果醋（寿司醋）。

6 ＿ 把牛肉片铺在香菜上，放蒜末、小米辣、
葱花，淋点蒸鱼豉油。

7 ＿ 最后淋入热油，激发食材的香味。

8 ＿ 将做杂粮饭时熬出的米汤作为饮品，如果
用的是低糖电饭煲，米汤中的淀粉含量会
略高。

💡 **巧思亮点**

1） 一般中式牛肉做法较复杂，用牛肉片来做更
适合新手。

2） 用杂粮饭搭配寿司豆皮，会大大提升杂粮饭
的美味度。

夏三月食谱 17

寿司杂粮饭/
香橙烤比目鱼/
焖煎菜心/
杂蔬豆腐汤/

前一晚备餐

[🕐 共需 **60** min]

1） 菜心洗净后沥干，可冷藏保存3~4天。

2） 冷冻比目鱼、寿司豆皮放入冰箱冷藏室解冻一晚。

3） 准备杂粮饭。

食材

杂粮饭130g	冷冻比目鱼120g
菜心100g	豆腐50g
冷冻寿司豆皮1个	山药50g
橙子1片	冰箱内剩余蔬菜100g

盐、黑胡椒碎、花椒、橄榄油、豆瓣酱、苹果醋、葱粉、白芝麻、甜椒粉、香菜各适量

做法

1＿ 将解冻后的比目鱼冲洗一下，用厨房用纸擦干水。

2＿ 将比目鱼分成若干份可一次食用的量，用盐、黑胡椒碎腌制15min。

3＿ 水浴法烤鱼：空气炸锅或烤箱底部放少许水，烤鱼上覆盖一片橙子去腥（比目鱼油脂丰富无需喷油），180℃烤15min。

4＿ 用焖煎法煎蔬菜：锅微预热加少许橄榄油，油温不要太高，加花椒爆香，加入菜心，倒少许水焖2~3min，出锅前加盐调味。

5＿ 用冰箱内剩余蔬菜做汤：锅内水烧开后加入豆腐和山药，用豆瓣酱调味。

6＿ 将加热后的杂粮饭，用寿司豆皮包好，在米饭上淋少许苹果醋，撒葱粉、白芝麻。

7＿ 在烤好的比目鱼上再撒点甜椒粉。

8＿ 汤用适量香菜装饰。

💡 巧思亮点

1） 对于无法吃辣的人，可以试一下甜椒粉，有辣香但不会辣。

2） 香菜是最常见的香草，夏天吃香菜可以丰富食物的味道，激发食欲。

夏三月食谱18

寿司杂粮饭/
虫草花蒸鸡肉/
焖煎蒜苗/
鸡汤/

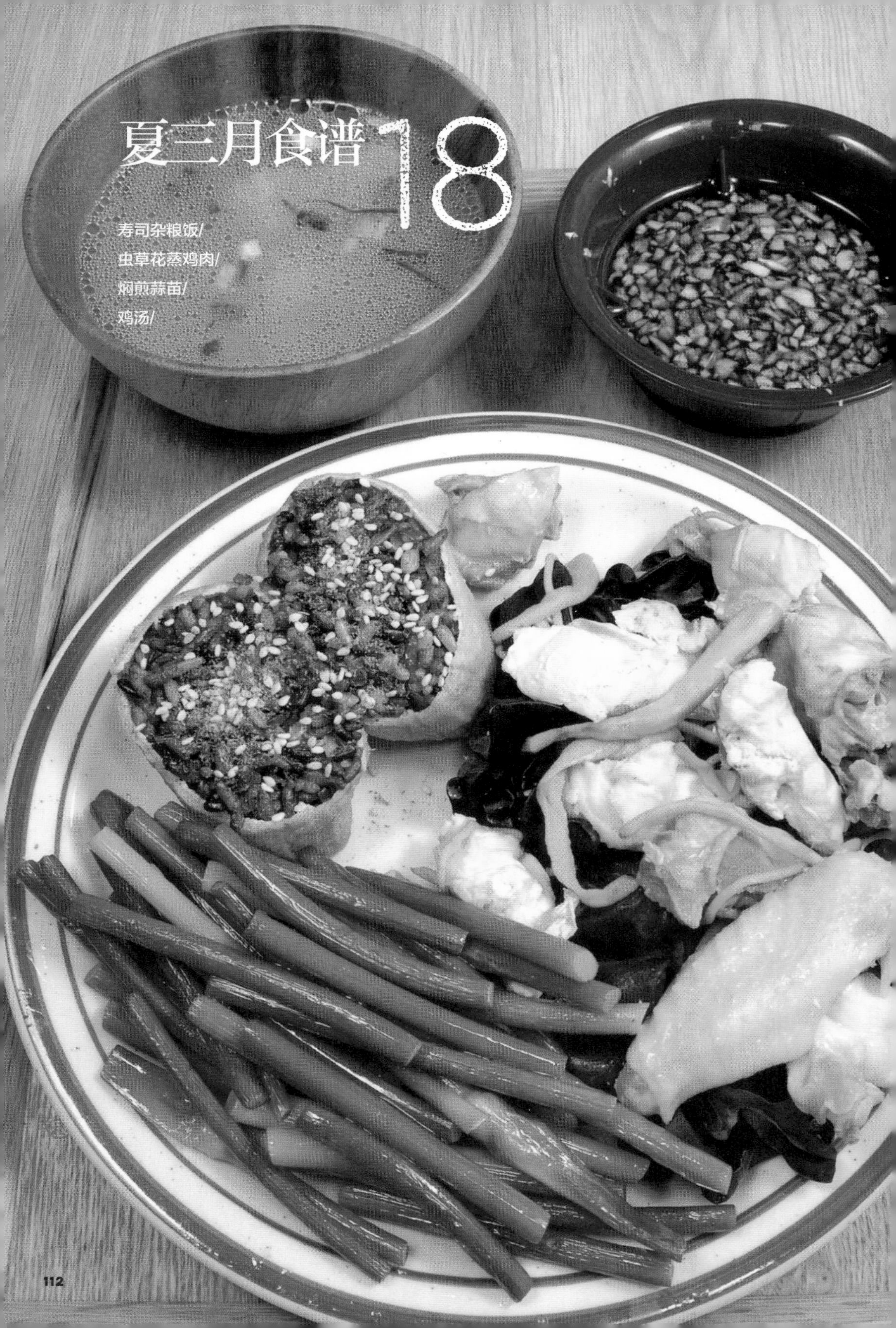

前一晚备餐

1）木耳泡发半小时（建议当天食用）。

2）冷冻寿司豆皮放冷藏解冻一晚。

3）蒜苗洗净沥干，可冷藏保存3~4天。

4）准备杂粮饭。

食材

杂粮饭70g　　　　　清远鸡120g

蒜苗150g　　　　　木耳50g

虫草花20g　　　　　冷冻寿司豆皮1张

鸡汤300mL

盐、料酒、姜片、葱粉、大葱、白芝麻、橄榄油、
花椒、蒜末、生抽、香油、苹果醋各适量

做法

1 _ 清远鸡切块、去皮（减少饱和脂肪摄入），
去骨。

2 _ 加盐、料酒、姜片腌制15min。

3 _ 把焯水后的鸡块（焯水时加姜片、料酒、
大葱，顺便把木耳一起焯水）放入蒸锅底
部，煮45min左右。

4 _ 鸡汤快熬好时，把鸡块、虫草花、木耳放
入蒸锅的蒸屉中一起蒸10~15min。

5 _ 鸡汤加盐调味。

6 _ 将加热后的杂粮饭用寿司豆皮包好，淋少
许苹果醋，撒葱粉、白芝麻。

7 _ 锅微预热，加少许橄榄油，加几粒花椒
爆香，放入蒜苗，加少许水，盖盖焖2~
3min，加盐调味。

8 _ 食用时，用鸡肉蘸蒜蓉酱（蒜末、生抽、
橄榄油、香油）即可。

💡 **巧思亮点**

蒸锅底部还可以煮粥，鸡汁流入粥中会非常鲜美。

夏三月食谱 **19**

三文鱼蔬菜炒饭/
杂蔬汤/
红枣/

前一晚备餐

1） 将杂粮饭蒸好后备用。

2） 将西蓝花、菜花洗净沥干，叶根分离后冷藏保存。

3） 冷冻三文鱼（鱼腩更佳）放冷藏室解冻一晚。

食材

杂粮饭130g 　　　　冷冻三文鱼120g

菜花100g 　　　　西蓝花100g

熟鹌鹑蛋2～4个 　　冻豆腐50g

冰箱内剩余蔬菜100g 　鸡蛋1个

红枣2个

生抽、葱段、盐、黑胡椒碎、葱花、柠檬汁

各适量

做法

1 _ 将冰箱内剩余蔬菜、冻豆腐、熟鹌鹑蛋一起煮成汤，用少许生抽和葱段调味。

2 _ 将三文鱼切块，撒盐、黑胡椒碎腌制10min。

3 _ 腌制鱼时，把菜花和西蓝花切成米粒大小。

4 _ 将隔夜杂粮饭和蛋黄拌均匀，用蛋液包裹米饭，这样炒饭时米粒会粒粒分明。

5 _ 将三文鱼块（三文鱼脂肪含量丰富，会煎出很多鱼油，所以不需要额外加油）煎至两面金黄后盛出备用。

6 _ 将步骤4的米饭倒入锅中翻炒，炒至米粒粒粒分明、不粘连状态。

7 _ 将蛋清倒入，翻炒。

8 _ 将步骤3的蔬菜丁倒入，和米饭一起炒熟，加盐调味。

9 _ 出锅前加入三文鱼块一起翻炒，撒葱花调味。

10 _ 在炒好的米饭中淋少许柠檬汁。搭配红枣一同食用。

💡 **巧思亮点**

1） 一般的炒饭主食占比过高，这道菜花炒饭中蔬菜量大于米饭，而且口感和米饭类似，不知不觉会吃掉很多蔬菜。

2） 利用冰箱的剩余蔬菜可以做快手汤，不浪费食材。

3） 炒好的米饭需趁热吃，否则会变腥。

夏三月食谱20

寿司杂粮饭/
青椒酿虾滑/
焖煎黄花菜/
杂蔬汤/

前一晚备餐

1) 黄花菜泡发后冷藏（时间不宜过长），或者食用当天泡发1小时。

2) 冷冻虾滑、寿司豆皮放冰箱冷藏室解冻一晚。

3) 将杂粮饭蒸好后备用。

食材

杂粮饭70g	冷冻虾滑100g
黄花菜100g	胡萝卜丝30g
青椒1个	冷冻寿司豆皮1张

冰箱内剩余蔬菜100g

寿司酱油、芥末、薄盐生抽、花椒、苹果醋/
寿司醋、葱粉、白芝麻各适量

做法

1 _ 青椒对切成两半，去籽，中间塞满虾滑。

2 _ 锅微预热，喷少许油，将虾滑一面先煎至
金黄后翻面。

3 _ 倒入少许水焖5min左右，虾滑表面淋少许
薄盐生抽调味。出锅后将锅内剩余的酱汁
倒出备用（步骤8用）。

4 _ 将黄花菜放入水中泡发，泡发的水先不要倒。

5 _ 焖煎法煎蔬菜：锅微预热，倒少许橄榄
油，加花椒爆香，放入黄花菜和胡萝卜
丝，淋少许泡发的水，盖盖焖2min左右，
加盐调味。

6 _ 用冰箱里剩余蔬菜做杂蔬汤，水开后直接
放入蔬菜，加少许薄盐生抽调味。

7 _ 将加热后的杂粮饭用寿司豆皮包好，米
饭内淋少许苹果醋/寿司醋，撒葱粉、白
芝麻。

8 _ 摆盘时，在虾滑上淋适量锅内的酱汁（步
骤3的酱汁）。

💡 **巧思亮点**

虾滑可以代替猪肉糜放入食材内，比如油面筋塞
肉、青椒酿肉等，用白肉替代了平时经常吃的红
肉，更加低脂、健康。

夏三月食谱 21

全麦贝果/
煎三文鱼/
煎蛋/
焖煎茼蒿/
美式咖啡/
枣仁派/

前一晚备餐

1） 茼蒿洗净后沥干，可放冰箱保存3～4天。

2） 冷冻三文鱼放冷藏室解冻一晚。

食材

冷冻全麦贝果1个　　　冷冻三文鱼80g

茼蒿80g　　　　　　鸡蛋1个

美式咖啡1杯　　　　枣仁派1个

盐、黑胡椒碎、花椒、奶酪各适量

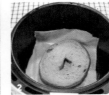

做法

1 — 将冷冻全麦贝果从冰箱中取出，对切成两半后取用一半。

2 — 放入空气炸锅或烤箱160℃烤10min。

3 — 三文鱼加盐、黑胡椒碎调味，腌制10min。

4 — 锅预热，先煎三文鱼，锅内空白处再煎鸡蛋。

5 — 三文鱼煎到焦黄后盛出备用，锅内的鱼油留用。

6 — 用剩余的鱼油将花椒爆香，放入茼蒿，加少许水焖2min左右，加盐调味。

7 — 在烤好的贝果上涂抹少许奶酪（低脂奶酪更佳）。

8 — 搭配枣仁派和美式咖啡一同食用。

💡 **巧思亮点**

早餐中有肉有蔬菜，能很好地控制主食的摄入量（我的主食占比在30%～50%），达到抗糖的目的。

秋三月食谱

杂粮花卷/
蒸山药/
煎蒜香虾仁/
煎牛肝菌/
煎蛋/
拿铁咖啡/

前一晚备餐

前一晚无需备餐。

食材

冷冻杂粮花卷60g　　　山药50g

冷冻虾仁80g　　　　　牛肝菌1个

鸡蛋1个　　　　　　　意式浓缩咖啡半杯

牛奶半杯

盐、黑胡椒碎、花椒、蒜瓣各适量

做法

1＿ 将冷冻虾仁直接放入水里浸泡、解冻几分钟备用。

2＿ 山药洗净后带皮蒸15min。

3＿ 牛肝菌洗净、擦干、切片备用。

4＿ 锅预热后，喷少许油，放适量花椒爆香，煎牛肝菌，注意牛肝菌需要煎熟透，撒盐及黑胡椒碎调味。

5＿ 在锅内空白处煎虾，先用蒜瓣爆香，放虾仁煎熟，撒盐和黑胡椒碎。

6＿ 锅内同时再煎鸡蛋，加盐和黑胡椒碎调味。

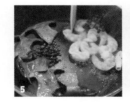

7＿ 冷冻杂粮花卷煎至底部金黄后，加少量水焖2~3min。

8＿ 煎好的花卷底部金黄香脆。

9＿ 将牛奶倒入意式浓缩咖啡中，即可食用。

巧思亮点

1） 体质偏寒湿并不上火可以加点花椒作为常用香料。

2） 很多人在秋天会有掉发的烦恼，此时吃山药最能养发、护发。

3） 早餐锅可以同时煎多种不同食材，节省时间。

4） 早上时间紧张，如果没有很多的时间处理食材，可以选择冷冻的虾仁等。

秋三月食谱 2

蒜香面包/
煎牛肉饼/
煎蛋/
生姜丝瓜/
百香果仙人掌汁/
坚果/

前一晚备餐

冷冻牛肉饼提前一晚放冷藏室解冻（常温条件下需要解冻30min）。

[🕐 共需 **30** min]

食材

全麦面包80g　　　　冷冻牛肉饼100g

丝瓜段100g　　　　鸡蛋1个

百香果1个　　　　可食用仙人掌50g

坚果30g　　　　椰子水适量

蒜末、盐、欧芹碎、黑胡椒碎、姜丝、花椒、
蒜片各适量

做法

1 ＿ 将全麦面包切片。

2 ＿ 面包上撒蒜末、盐、欧芹碎，喷少许油。
放入空气炸锅165℃烤10min。

3 ＿ 铸铁锅预热，锅内喷少许油煎鸡蛋，加
盐、黑胡椒碎调味。

4 ＿ 将牛肉饼小火慢慢煎，判断中间熟度后用
牙签戳中心，拔出后用手背感受牙签温
度，如果牙签发热说明牛肉饼煎熟了。

5 ＿ 热锅凉油，下姜丝、花椒、蒜片爆香，下
丝瓜段翻炒后，加少许水焖熟，最后加盐
调味。

6 ＿ 取可食用仙人掌一块，果肉去皮后加入
百香果肉和椰子水，用破壁机或榨汁机
榨汁。

7 ＿ 过滤后得到清甜且果香浓郁的饮品。搭配
坚果一同食用。

💡 巧思亮点

1）　可食用仙人掌具有一定的清热去火、健脾和
胃、降血糖、降血脂的功效。

2）　丝瓜性寒，一般和姜一起烹饪，起中和作用。

秋三月食谱 3

荞麦汤面/
盐烤青花鱼/
水煮油菜/
蛋丝/
黑咖啡/
红枣/

前一晚备餐

〔🕐 共需 **30** min〕

1) 青花鱼处理后腌制（做法参考P33）。

2) 青菜提前一晚洗干净、沥干后放入冰箱冷藏，早上直接用。

食材

荞麦面60g   青花鱼80g

油菜100g   鸡蛋1个

黑咖啡1杯   红枣2个

盐、橄榄油、裙带菜（熟）、葱花、虾皮、生抽、
香油各适量

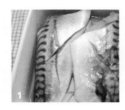

做法

1 _ 将青花鱼腌制一晚备用。

2 _ 空气炸锅底部放少许水，放入烤架，垫上
一层烤纸，放入青花鱼，用水浴法180℃
烤10min。

3 _ 铸铁锅预热，锅内喷少许油，倒入蛋液，
将锅拿起、离火，蛋液凝固成薄皮即可。

4 _ 将蛋皮切丝备用。

5 _ 水开后放橄榄油和少许盐，下入荞麦面。

6 _ 用煮荞麦面剩余的水焯一下油菜。

7 _ 面碗中放入裙带菜、葱花、虾皮、几滴生
抽、几滴香油、少许盐、蛋皮丝。用开水
冲开。

8 _ 把荞麦面、油菜、青花鱼一起放入面碗中。

9 _ 冲一包手冲咖啡作为早上饮品。搭配红枣
一同食用。

💡 巧思亮点

1) 下面时剩余的水也可以再用来焯水蔬菜，还
能节约时间。

2) 面条相当于地中海饮食法中的碳水化合物，
同时搭配蔬菜和肉类，这样可以控制碳水化
合物的摄入量，还能达到控糖效果。

秋三月食谱 4

杂粮馒头/
盐烤秋刀鱼/
圆白菜炒香菇/
杂蔬味噌汤/

前一晚备餐

冷冻秋刀鱼放入冰箱冷藏室解冻一晚。

[🕐 共需 **60** min]

食材

杂粮馒头100g	冷冻秋刀鱼1条
圆白菜100g	干香菇50g
胡萝卜片30g	白玉菇50g
裙带菜10g	内酯豆腐100g

盐、虾皮、菌菇粉、白味噌酱、葱花、料酒、柠檬汁各适量

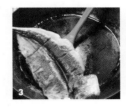

做法

1 干香菇提前浸泡20min，再焯水2~3min。

2 解冻后的秋刀鱼去掉内脏、冲洗干净后，用盐、料酒、柠檬汁腌制15min。

3 热锅热油，先煎鱼带皮的一面，注意秋刀鱼容易煎煳，翻面，煎熟后盛出。

4 锅微预热后加入橄榄油，先低温放泡发香菇，再放胡萝卜片和圆白菜，加水焖几分钟至熟。加盐、虾皮、菌菇粉调味。

5 另起一口锅，倒入适量水，烧开后加入裙带菜、白玉菇、内酯豆腐后煮熟关火。加入白味噌酱。

6 关火，搅拌均匀即可。

7 将杂粮馒头复热一下作为主食。

8 味噌汤最后撒葱花，秋刀鱼吃前再滴几滴柠檬汁去腥。

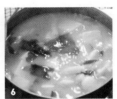

💡 巧思亮点

1） 平时家里用不完的干菌菇打粉、过滤后，可以作为菌菇粉代替鸡精，可提鲜。

2） 将蔬菜与泡发后的干香菇同炒可以使料理的味道更加鲜美。

秋三月食谱 5

杂粮饭/
干焖罗氏沼虾/
肉糜炒杂蔬丁/
酱油拌豆腐脑/

前一晚备餐

前一晚无需备餐。

[🕐 共需 **60** min]

食材

杂粮饭130g　　　　罗氏沼虾120g

猪肉丁20g　　　　四季豆100g

杏鲍菇50g　　　　玉米粒50g

青椒30g　　　　黄瓜50g

内酯豆腐120g

橄榄油、料酒、姜片、葱段、黄豆酱、山药泥、
蒜末、生抽、寿司酱油、芥末各适量

做法

1 _ 将鲜活的罗氏沼虾倒入锅中，加入料酒、
姜片、葱段，盖上锅盖焖2~3min至熟。

2 _ 焖熟的虾不用加盐，味道原汁原味。

3 _ 将四季豆、杏鲍菇、玉米粒、青椒、黄瓜
切丁后与猪肉丁焯水备用。

4 _ 将黄豆酱和山药泥调成汁备用。

5 _ 锅微预热后，倒少许橄榄油，翻炒猪肉丁，
加入蒜末和各种蔬菜丁，再倒入步骤4的
酱汁。

6 _ 内酯豆腐加少许生抽调味。

7 _ 寿司酱油中加入少许芥末，作为罗氏沼虾
的蘸酱。

8 _ 将食材摆入盘中，搭配杂粮饭一同食用。

 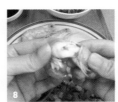

💡 巧思亮点

1）　厨余食材不要浪费，全部切丁后做成炒菜，
营养丰富又方便烹饪。

2）　山药有护发、养发的食疗功效，平时用山药
汁代替淀粉来勾芡，营养价值更高。

全麦饼/

蒜香煎鸡里脊/

凉拌圆白菜丝/

豆腐脑/

拿铁咖啡/

前一晚备餐

1） 鸡里脊肉处理和腌制（做法见P34）。

2） 圆白菜洗净、沥干后切丝，将胡萝卜也切成丝，放入冰箱冷藏室保存。

食材

全麦饼130g　　　　鸡里脊肉120g

圆白菜丝150g　　　胡萝卜丝20g

内酯豆腐150g　　　鸡蛋1个

拿铁咖啡200mL

豆瓣酱、香菜、蒜粉、甜椒粉、孜然粉、盐、
香油、生抽、鲜辣粉、虾皮、葱花各适量

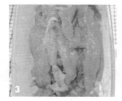

做法

1 _ 锅底喷少许油，小火预热，将冷冻全麦饼直接放锅内复热，打入鸡蛋并使蛋液均匀覆盖饼皮，撒适量葱花。

2 _ 蛋液凝固后将全麦饼翻面，涂少许豆瓣酱，撒香菜，卷起盛出。

3 _ 提前一晚用蒜粉将鸡里脊肉腌制好。

4 _ 放锅中煎熟，出锅前撒甜椒粉和孜然粉。

5 _ 在圆白菜丝和胡萝卜丝中放少许盐使水分析出，静置约5min。

6 _ 将圆白菜丝和胡萝卜丝焯熟后捞出。

7 _ 调味加少许盐和香油即可，拌均匀。

8 _ 将内酯豆腐放入微波炉加热或蒸5min。

9 _ 制作豆腐花卤汁：将生抽、水、鲜辣粉、虾皮、葱花、香油在锅中烧开后淋在内酯豆腐上。

10 _ 食用时，将卷饼包起鸡里脊肉和蔬菜，搭配其他食材一同食用。

💡 巧思亮点

1） 中式凉拌菜相对于西式沙拉可以吃到更多的蔬菜。

2） 这顿早餐也加入了不少香料：甜椒粉、孜然粉、香菜等。

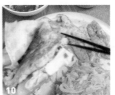

秋三月食谱

杂粮饭/
烤黄颡鱼/
水煎茼蒿蛤蜊肉/
煎鸡腿菇/
黄颡鱼裙带菜豆腐汤/

前一晚备餐

将玉米糁、红腰豆浸泡一晚。

[⏱ 共需 **60** min]

食材

玉米糁50g	红腰豆50g
大米50g	黄颡鱼2条
蛤蜊肉50g	茼蒿150g
鸡腿菇100g	裙带菜干10g
冻豆腐50g	

姜片、料酒、盐、葱段、鲜辣粉、花椒、黑胡椒碎、蒜片、菌菇粉各适量

做法

1 _ 将泡好的玉米糁、红腰豆、大米放入高压锅中煮50min。吃不完的杂粮饭分装冷冻。

2 _ 黄颡鱼用盐、姜片、料酒腌制15min。

3 _ 在一条黄颡鱼表面喷少许油，放入空气炸锅用180℃烤10min。

4 _ 另一条黄颡鱼做鱼汤：热锅冷油，姜片爆香后夹出，煎黄颡鱼至金黄后倒入料酒焖1min。

5 _ 再倒入沸水和葱段炖20min至汤发白后，放入冻豆腐、裙带菜干煮几分钟即可，最后加盐、鲜辣粉调味。

6 _ 锅预热后倒少许橄榄油，加花椒爆香捞出，将鸡腿菇小火慢煎至金黄，大概需要10min，待鸡腿菇内部水分蒸发后，放盐、黑胡椒碎调味。

7 _ 不需要洗锅，继续加少许油，加蒜片爆香，放入蛤蜊肉。

8 _ 再放入茼蒿，加盐和菌菇粉调味。

💡 巧思亮点

1） 制作杂粮饭使用的食材可以随个人喜好进行调整。玉米糁不仅可用来做粥，也能做成米饭。

2） 将蛤蜊肉和蔬菜一起烹饪，可以让蔬菜吃起来更加鲜美。

3） 平时北豆腐如果用不完可以切块冷冻成冻豆腐，下次做汤时使用比较方便。

秋三月食谱 8

杂粮饭/
香煎比目鱼/
冬瓜蒸蛤蜊/
水煎鸡毛菜鹿茸菇/
香茅汁/

前一晚备餐

1） 冷冻比目鱼放入冰箱冷藏室内解冻一晚。

2） 准备杂粮饭（做法见P40）。

食材

冷冻杂粮饭130g   冷冻比目鱼150g

冷冻蛤蜊肉20g   鸡毛菜100g

彩椒50g   鹿茸菇50g

冬瓜丁100g   香茅汁200mL

盐、黑胡椒粉、料酒、虾皮、橄榄油、菌菇粉、
蒸鱼豉油各适量

做法

1 _ 将解冻后的比目鱼洗干净，刮掉黑膜擦
干，加盐、黑胡椒粉腌制15min。

2 _ 冷冻蛤蜊肉冲洗下，加料酒去腥。

3 _ 将蛤蜊肉、冬瓜丁、虾皮一起蒸15min。

4 _ 将以下蔬菜洗净、分切后备用：鸡毛菜、
彩椒、鹿茸菇。

5 _ 将铁锅充分预热，喷油，下入比目鱼，煎
至金黄后再翻面，煎熟后盛出。

6 _ 锅稍微用厨房纸擦下后，倒少许橄榄油，
先煎鹿茸菇和彩椒，最后放鸡毛菜，用水
煎法加少许水焖1～2min后，加盐、菌菇
粉调味。

7 _ 蒸好的冬瓜蛤蜊淋适量蒸鱼豉油调味。

8 _ 冷冻杂粮饭加适量水用微波炉复热。搭配
香茅汁一同食用。

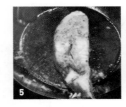

💡 巧思亮点

1） 未吃完的杂粮饭分成若干份后冷冻，每次食
用前从冰箱取出即可，不用每次做饭，节省
时间。

2） 用水煎法烹饪时，烹饪温度较低且烹饪时间
短，不会使蔬菜中的维生素过度流失。

杂粮饭/

烤板栗/

萝卜炖牛腩/

水煎蒜泥菜心/

牛腩清汤/

前一晚备餐

共需 **90** min

1）牛腩放入冰箱冷藏室解冻一晚。

2）将玉米糁浸泡一晚。

食材

玉米糁100g	大米100g
红腰豆20g	菜心150g
萝卜块50g	冷冻牛腩150g

板栗3个

大葱、料酒、八角、香叶、肉桂、花椒、橄榄油、
蒜末、盐、菌菇粉、生抽、香油各适量

做法

1 _ 图为解冻后的牛腩。

2 _ 将牛腩冷水下锅焯，慢慢加热（不要用开
水），加大葱和料酒，最后将牛腩捞出。

3 _ 高压锅内放入牛腩和萝卜块，放入1个八
角、1片香叶、半根肉桂、1小撮花椒，盖
上高压锅锅盖后加热40min。

4 _ 将牛腩炖至软烂，汤底放盐调味。

5 _ 将玉米糁、红腰豆、大米、适量水，放入
高压锅煮50min左右。将吃不完的米饭冷
冻分装。

6 _ 铁锅微预热，加橄榄油、蒜末、花椒爆香。

7 _ 放入菜心，加少许水焖1~2min后，加盐
和菌菇粉调味。

8 _ 板栗用剪刀剪"十"字口，高压锅内放少
许水后盖上锅盖，加热5min。

9 _ 将炖好的板栗放入空气炸锅180℃烤
10min，这样板栗壳就容易剥开了。

10 _ 用牛腩蘸料汁（蒜末、生抽、香油）吃。

💡 **巧思亮点**

1）板栗可健脾和胃，是秋天的时令食材。不过
板栗属于淀粉类食材，可算作主食。

2）用高压锅烹饪肉类可节省不少时间，尤其是
炖牛肉之类，用高压锅加热40min即可达到
用普通锅炖煮2小时的软烂程度。

杂粮饭/

比目鱼炖花蛤/

韭菜炒蛋/

萝卜丝番茄花蛤汤/

坚果/

前一晚备餐

1） 冷冻比目鱼放冷藏室解冻一晚。

2） 杂粮饭做法见P40。

[⏱ 共需 **60** min]

食材

冷冻杂粮饭130g   冷冻比目鱼100g

花蛤50g   韭菜段150g

白萝卜丝50g   鸡蛋1个

香菇块20g   坚果30g

盐、黑胡椒碎、洋葱块、番茄块、蒜粒、白玉菇、
蒸鱼豉油、葱花、盐、香菜各适量

做法

1 _ 将解冻后的比目鱼切分成块，用盐和黑胡
椒碎腌制15min。

2 _ 在腌鱼时做蔬菜，热锅冷油下入鸡蛋，
炒散。

3 _ 下入韭菜段，注意不要炒太久，容易老，
出锅前加少许盐调味后盛出。

4 _ 不换锅，热锅冷油，下洋葱块和蒜粒炒出
香味后，下白玉菇（任何菌菇都可）。

5 _ 将比目鱼块铺在菌菇上，盖盖焖熟，约几
分钟。

6 _ 再加入新鲜的花蛤，盖盖焖几分钟后，待
花蛤壳张开后，倒入蒸鱼豉油调味，撒葱
花出锅。

7 _ 香菇块稍微煎下后倒入水，加入白萝卜丝
和番茄块煮15min左右，最后加盐、香菜调
味。将杂粮饭解冻、加热后即可食用。搭
配坚果一同食用。

💡巧思亮点

1） 一种食材可做出多种菜肴，一道菜做主角，一道菜做配角。比如，花蛤
在炖鱼时是主角，再做汤时就成为配角，还能用于提鲜，一举两得。

2） 一天的肉类摄入量不要超过200g。

秋三月食谱 11

荞麦汤面/
煎虾饼/
水煮西蓝花/
煎蛋/
红枣/

前一晚备餐

1）冷冻虾滑放冰箱冷藏室解冻一晚。

2）西蓝花洗好后沥干，切块后冷藏保存。

食材

荞麦面50g   冷冻虾滑100g

西蓝花150g   鸡蛋1个

红枣3个

盐、黑胡椒碎、番茄膏、虾皮、葱段、白灼汁、
香油各适量

做法

1 _ 将解冻后的虾滑铺在油纸上，整形成虾
饼状。

2 _ 锅预热后喷少许油，将虾饼煎至两面变色
即可。

3 _ 同时在锅内煎蛋，用盐和黑胡椒碎调味。

4 _ 将番茄膏倒入锅中。

5 _ 加水煮开，放入虾皮、葱段、荞麦面煮熟。

6 _ 将西蓝花煮熟。

7 _ 在西红柿汤面中加少许香油提香。

8 _ 把所有的食材全部放在面上。

9 _ 将剩余的西蓝花加白灼汁调味。搭配红枣
一同食用。

💡 **巧思亮点**

1）制作地中海饮食法汤面的思路，就是蔬菜的
使用量要大于主食的使用量，而主食的使用
量要大于肉类，不要光吃面。

2）现在的番茄味道淡，番茄膏可以代替番茄用
于调味，使用时也比较方便。

秋三月食谱 12

山东煎饼/
烤板栗/
香烤草鱼/
水煎生菜/
煎蛋/
红豆红枣核桃豆浆/

前一晚备餐

1） 新鲜的草鱼切成段后用（盐、五香粉、料酒、姜片、白胡椒、生粉）腌制一晚。

2） 将红腰豆浸泡一晚。

食材

山东煎饼100g	草鱼100g
生菜100g	鸡蛋1个
红豆20g	红枣2个
核桃2个	板栗3个

生抽、豆腐乳、南乳汁、葱花、黑芝麻、香菜、盐、黑胡椒碎、大蒜、花椒、橄榄油各适量

做法

1＿ 将腌制好的草鱼用水浴法烤，在空气炸锅底部加少许水，放入烤架、烤纸、草鱼，在草鱼表面刷点生抽上色，喷油，180℃烤10min。

2＿ 将一块豆腐乳和南乳汁调成料汁备用。

3＿ 锅微预热，喷少许油，将1张山东煎饼叠成长方形，放于锅内小火慢煎，打入1个鸡蛋，刮匀。

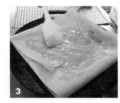

4＿ 再撒点葱花和黑芝麻，喷少许油，蛋液凝固后翻面。

5＿ 在另一面刷上料汁，撒香菜。

6＿ 将山东煎饼叠起来，切成两半。

7＿ 煎蛋，用盐、黑胡椒碎调味。

8＿ 水煎法煮生菜：锅内加入大蒜、花椒、橄榄油煮沸后，放入生抽焯十几秒捞起。

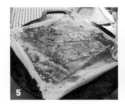
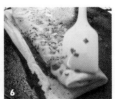

9＿ 将草鱼从空气炸锅中取出。

10＿ 将红豆、红枣和核桃打成豆浆。

11＿ 将打好的豆浆作为这餐的饮品，板栗可作为小食一起食用。

🔆 巧思亮点

1） 豆浆的做法有很多种，各种杂豆和坚果就能做出很多种豆浆。

2） 用空气炸锅水浴法烤鱼代替煎鱼对于"小白"来讲成功率更高，用油更少，厨房也会更容易清理。

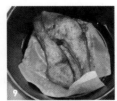

秋三月食谱 13

杂粮花卷/
香烤草鱼/
水煎生菜平菇/
煎蛋/
水浸豌豆/
拿铁咖啡/
坚果/

前一晚备餐

1）将新鲜的草鱼切成段，用盐、五香粉、料酒、姜片、白胡椒、
生粉腌制一晚。

2）将豌豆用清水煮熟，加水浸没冷藏保存。

3）生菜洗净、沥干，冷藏保存。

食材

冷冻杂粮花卷90g	草鱼120g
平菇100g	鸡蛋1个
熟豌豆30g	坚果20g
牛奶300mL	成品咖啡液1条

生抽、盐、黑胡椒碎、欧芹碎、花椒各适量

做法

1 将腌制好的草鱼从冰箱中取出备用。

2 将草鱼用水浴法烤：空气炸锅底部加少许
水，在草鱼表面刷点生抽上色，喷油，180℃
烤10min。

3 将鸡蛋打入锅中煎熟，用盐、黑胡椒碎、
欧芹碎调味。

4 热锅冷油，放入冷冻杂粮花卷，先煎至底
部金黄后，加少许水盖盖焖2～5min。

5 水分蒸发后，杂粮花卷也加热好了，煎好
的杂粮花卷底部呈脆硬状态。

6 锅微预热，倒少许橄榄油，放花椒爆香，
放入平菇、生抽加少许水焖2min左右，加
盐调味。

7 将烤好的草鱼放入餐盘中。

8 用提前准备好的水浸泡熟豌豆。

9 将牛奶打发至出现浓密的奶泡。

10 倒入咖啡液，做成拿铁咖啡。搭配坚果一
同食用。

💡 巧思亮点

1）豌豆属于豆类，味道甘甜，口感软糯，可以
多浸泡一些作为常备菜，直接吃也很好吃。

2）腌制好的草鱼可以冷藏保存3～4天。

秋三月食谱74

蒸蛋/
蒸南瓜/
香煎罗非鱼排/
煎圆白菜/
煎姬松茸/
板栗红豆奶/
苹果/

前一晚备餐

1）将冷冻的罗非鱼放入冷藏室解冻一晚。

2）红豆浸泡一晚。

3）板栗煮熟约30min，放入冷藏室储存备用。

[🕐 共需 **30** min]

食材

南瓜70g	冷冻罗非鱼150g
圆白菜200g	姬松茸100g
鸡蛋1个	板栗4个
红豆20g	牛奶200mL
苹果1/2个	

盐、黑胡椒碎、油醋汁各适量

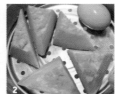

做法

1 ＿ 将罗非鱼冲洗后擦干，用盐、黑胡椒碎腌制15min。

2 ＿ 将南瓜和鸡蛋放入蒸锅蒸，蒸7～8min。

3 ＿ 铁锅预热至冒烟，喷油，先将罗非鱼煎至两面金黄。同时煎姬松茸，用盐和黑胡椒碎调味。

4 ＿ 将圆白菜一起煎下，用盐、黑胡椒碎调味。

5 ＿ 将蒸好的鸡蛋去皮后对切成两半。

6 ＿ 将油醋汁淋在圆白菜上（做法见P18）。

7 ＿ 将煮好的板栗剥壳，和红豆、牛奶一起放入破壁机，启动"米糊"模式。

8 ＿ 将豆奶倒入碗中，即可享用。搭配苹果一同食用。

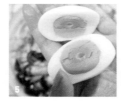

💡**巧思亮点**

1）板栗是秋季的时令食材，除了烤板栗外，也可做成饮品食用，但"糖友"需要少吃。

2）和市售油醋汁相比，自制油醋汁不含任何添加剂，成分更安全。

秋三月食谱 15

红枣桂圆麦片粥/
烤小鲳鱼/
水煎豇豆/
煎蛋/
拿铁咖啡/

前一晚备餐

［🕐 共需 **30** min］

1） 小鲳鱼提前用盐、料酒、姜片腌制、冷藏一晚。

2） 将制作麦片粥的食材（紫薯、桂圆肉）切丁。

3） 将豇豆洗净、沥干后冷藏。

食材

燕麦片50g	小鲳鱼2条
豇豆段100g	鸡蛋1个
牛奶200mL	咖啡液100mL

红枣、紫薯丁、桂圆肉、燕麦片、盐、黑胡椒碎、橄榄油、花椒各适量

做法

1 _ 将小鲳鱼从冰箱中取出。

2 _ 将小鲳鱼用水浴法烤：空气炸锅底部放少许水，在小鲳鱼表面喷油，180℃烤10min。

3 _ 取部分红枣切丁。

4 _ 水开后放入红枣丁、紫薯丁、桂圆肉，再放入燕麦片煮几分钟，煮熟后，关火闷几分钟。

5 _ 煎鸡蛋，撒盐、黑胡椒碎调味。

6 _ 用水煎法煮豇豆：水中放入橄榄油、花椒、盐，再放入豇豆段焯熟后捞出。

7 _ 此时小鲳鱼烤好了。

8 _ 将麦片粥用红枣装饰一下。

9 _ 再冲一杯拿铁咖啡，搭配食用。

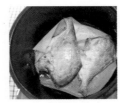

💡 **巧思亮点**

1） 早上时间赶可以用麦片粥代替杂粮粥，麦片粥不单单是麦片，可以针对自己体质放各种食材，几分钟就可做好。

2） 食材都提前准备好，早上只需要30min就能做好营养均衡的早餐。

秋三月食谱 16

荞麦汤面/
葱油扇贝肉/
炒大白菜/
煮花蛤/
蒸鸡蛋/
板栗/

前一晚备餐

1）大白菜洗净后沥干，放入冰箱冷藏保存。

2）将吃剩的花蛤用锡纸包起后冷藏保存。

食材

生荞麦面65g 扇贝肉50g

花蛤50g 大白菜100g

蒸鸡蛋1个 板栗2个

姜片、鲜藤椒、葱花各适量

做法

1＿将扇贝肉处理干净。

2＿将花蛤从冰箱中取出后备用。

3＿热锅冷油，下入姜片和鲜藤椒，放入扇贝肉炒熟后捞出。

4＿继续炒大白菜至变色。

5＿加水煮开，放入花蛤。

6＿关火后放入步骤3的扇贝肉。

7＿下入荞麦面，煮熟捞出。

8＿将大白菜垫底，荞麦面铺在蔬菜上面，放入扇贝肉，撒适量葱花，淋热油爆香。

9＿将蒸鸡蛋剥皮后切开作装饰。搭配板栗一同食用。

💡 巧思亮点

1）鲜藤椒平时可冷冻保存，可以搭配各种肉类食材，有去腥效果。

2）白肉可选择的种类很多，贝壳类也属于白肉，也能保证蛋白质的摄入量。

秋三月食谱 17

蒸紫薯/
蒸山药/
扇贝蒸蛋羹/
焖煎菜心/
黑咖啡/
红枣/
桂圆/

前一晚备餐

菜心洗净后沥干，放入冰箱冷藏保存。

[🕐 共需 **30** min]

食材

鸡蛋1个	紫薯30g
山药50g	冷冻扇贝肉1个
黑咖啡1杯	

橄榄油、花椒、菜心、盐、蒸鱼豉油、桂圆、
红枣、白灼汁各适量

做法

1 _ 将鸡蛋打入碗中，加入等量水，加入0.5g
盐，搅拌均匀。

2 _ 将冷冻扇贝肉从冰箱中取出待用。

3 _ 将山药、紫薯、扇贝、蛋液一起蒸15min。

4 _ 锅微预热，倒入橄榄油、花椒爆香后，放
入菜心，用焖煎法烹饪，倒入少许水，加
盖焖熟即可，最后加盐调味。

5 _ 将扇贝肉放在蒸好的蛋羹上面，淋适量蒸
鱼豉油。

6 _ 再加点桂圆、红枣作为餐后甜品。

💡 巧思亮点

1） 将桂圆红枣作为甜品吃，能有效控制食欲，
增加满足感。

2） 地中海饮食法烹饪方式比较简单，对食材质
量要求也更高，新鲜的食材简单调味就很好
吃了，尤其是海鲜肉类。

秋三月食谱 18

荞麦汤面/
香烤三文鱼骨/
焖煎豇豆/
煎蛋/
板栗毛豆豆浆/

前一晚备餐

[⏱ 共需 **30** min]

1）将板栗提前煮熟（煮30min），更容易剥皮。

2）豇豆清洗干净沥干，冷藏保存。

3）冷冻三文鱼骨放冷藏室解冻。

食材

生荞麦面65g　　　　　冷冻三文鱼骨2块

豇豆150g　　　　　　鸡蛋2个

毛豆20g　　　　　　板栗20g

盐、黑胡椒碎、橄榄油、花椒、生抽、香油、
葱花、鲜辣粉、虾皮各适量

做法

1 _ 将解冻后的三文鱼骨用盐、黑胡椒碎腌制
15min。

2 _ 放空气炸锅内180℃烤15min，不用喷油。

3 _ 将毛豆和板栗打成豆浆。

4 _ 煎鸡蛋，用盐、黑胡椒碎调味。

5 _ 锅烧开后下入荞麦面，煮熟后捞出，水不
要倒。

6 _ 用锅中剩余的水继续焯豇豆，水中加橄榄
油、盐、花椒调味。

7 _ 荞麦面汤底加盐、生抽、香油、葱花、鲜
辣粉、虾皮，用开水冲。

8 _ 搭配板栗毛豆豆浆即可。

💡 巧思亮点

1）三文鱼骨相对于三文鱼价格便宜很多，性价
比高，经济实惠。

2）将栗子和豆子组合，可做出多款适合在秋天
喝的饮品。

秋三月食谱 19

荞面汤面/
白斩鸡/
焖煎豆芽彩椒/
圆白菜香菇汤/

前一晚备餐

前一晚无需备餐。

食材

荞麦面50g　　　　　熟白斩鸡100g

圆白菜80g　　　　　干香菇30g

昆布10g　　　　　　彩椒50g

豆芽100g

白灼汁、生抽、橄榄油、花椒、盐、葱花各适量

做法

1 ＿将熟白斩鸡切成块后备用（食用时搭配白灼汁）。

2 ＿冷水中放入昆布和泡发后的干香菇（干香菇泡20min左右），小火慢慢煮开。

3 ＿加入圆白菜，加入少许生抽调味。

4 ＿将彩椒洗净后切丝。

5 ＿锅微预热，倒橄榄油，用花椒爆香，下入彩椒丝，加入豆芽，加一勺步骤3的蔬菜汤。

6 ＿加盐调味。

7 ＿另取一口锅，加入适量水，水沸后下荞麦面。

8 ＿将面捞入碗中，倒入适量步骤3的蔬菜汤，加点葱花装饰。

9 ＿将剩余的圆白菜香菇汤也盛入碗中。

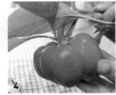

💡 巧思亮点

1） 在蔬菜汤中加入昆布或干菇类食材，可以增加汤底的鲜美度。

2） 彩椒需要多清洗几遍。可以尝试自己种彩椒，纯天然又健康。

3） 如果做饭想偷懒，可以买点熟食，再自己做个蔬菜，不用每顿饭都做得很认真。

秋三月食谱 20

红豆饭/

香煎牛霖/

焖煎圆白菜胡萝卜/

懒人汤/

前一晚备餐

1） 冷冻牛霖肉放入冰箱冷藏室解冻一晚。

2） 将红豆泡发一晚。

食材

红豆、大米共计50g　　　　冷冻牛霖肉150g

圆白菜片150g　　　　　　胡萝卜片50g

黑胡椒碎、洋葱丝、淀粉、橄榄油、盐、生抽、
料酒、牛油果油、花椒、葱段、葱花、虾皮、
裙带菜、香油、小米辣各适量

做法

1 _ 将泡好的红豆和大米混合，蒸60min。

2 _ 将解冻后的牛霖肉切成小片。

3 _ 将牛霖肉用黑胡椒碎、洋葱丝、淀粉、橄
榄油、生抽、料酒腌制15min。

4 _ 铁锅充分预热至冒烟，加牛油果油（或其
他植物油），将牛霖肉煎至两面变色后盛
出，约1min。

5 _ 不用洗锅，继续做下一道菜。不用加油，加
入花椒、胡萝卜片、圆白菜翻炒几下后，加
少量水盖盖焖10～15min，加盐调味。

6 _ 牛霖肉用少许葱花装饰。

7 _ 将生抽、葱段、虾皮、裙带菜、香油用开
水冲开即可。蔬菜出锅后可再淋橄榄油。

8 _ 将牛霖肉蘸生抽和小米辣食用。

💡 **巧思亮点**

1） 地中海饮食法中红肉的摄入频率最好一个月不超4次。红肉摄入频率高会
增加心脑血管疾病的患病风险。

2） 烹饪肉类时需要较高的温度，一般不用橄榄油，可以换其他烟点高的植物
油（比如牛油果油、葵花籽油等）。

3） 蔬菜出锅后淋橄榄油可保留初榨橄榄油的营养。

秋三月食谱 21

杂粮饭/
香烤比目鱼/
水煎菠菜/
白萝卜鸡蛋汤/
核桃/

前一晚备餐

共需 **60** min

1） 将冷冻比目鱼放冷藏室解冻一晚。

2） 红豆泡发一晚。

食材

红豆、鲜芡实、大米共50g

冷冻比目鱼150g　　菠菜150g

白萝卜丝150g　　鸡蛋1个

大核桃2个

盐、黑胡椒碎、生抽、花椒、橄榄油、白胡椒粉、

香菜、小米辣各适量

做法

1_ 泡好的红豆、鲜芡实和大米混合，蒸60min。

2_ 比目鱼冲洗干净后擦干，用盐、黑胡椒碎腌制15min。

3_ 刷生抽上色，用水浴法烤，在空气炸锅底部倒少许水，用180℃烤15min。

4_ 沸水中加入盐、花椒、橄榄油，菠菜焯水捞出。

5_ 铁锅预热，加少许橄榄油，先煎鸡蛋，再倒入沸水煮开。

6_ 下入白萝卜丝煮熟，约15min，最后加白胡椒粉、盐、香菜、小米辣调味。

7_ 图为烤好的比目鱼。

8_ 菠菜出锅后可再淋适量橄榄油。

9_ 可选适量核桃作为小食。

💡 **巧思亮点**

像芡实、山药等没什么味道又营养价值高的食材可以和大米一起做成米饭。

冬三月

21

道人气食谱

冬三月食谱

杂粮饭/

香煎马鲛鱼/

白灼菜心/

清蒸螃蟹/

胡萝卜蛋花山药羹/

前一晚备餐

将冷冻马鲛鱼片放入冷藏室解冻一晚。

[🕐 共需 **60** min]

食材

杂粮米（大米、糙米、黑米）50g

冷冻马鲛鱼200g　　　大闸蟹1个

菜心150g　　　　　　胡萝卜丁20g

鸡蛋1个

盐、白胡椒粉、葱段、姜片、料酒、葱丝、橄榄油、蒜末、蚝油、生抽、白砂糖、小米辣、淮山药、葱花各适量

白灼汁：生抽2勺　　白砂糖1/2勺　　蒜末1勺
　　　　 淀粉1勺　　蚝油1勺

 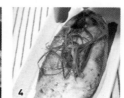

做法

1 _ 将杂粮米浸泡后放入锅中，加适量水，蒸20min左右。

2 _ 将解冻后的马鲛鱼用盐、白胡椒粉、葱段、姜片、料酒腌制15min。

3 _ 锅充分预热至冒烟，喷少许油，小火慢煎，煎至两面金黄。

4 _ 放葱丝装饰。

5 _ 水中放盐、橄榄油，煮开后加入菜心焯熟。

6 _ 将蒜末、蚝油、生抽、白砂糖、水、淀粉调匀后即为白灼汁。加热搅拌均匀。

7 _ 将白灼汁淋到菜心上，另外加蒜末和小米辣装饰。

8 _ 将淮山药擦成泥。

9 _ 先将胡萝卜丁放入锅中翻炒，加水煮沸后，倒入山药泥勾芡，汤就会变得浓稠。

10 _ 出锅前关火，打入蛋液，加盐调味，撒葱花。

11 _ 秋天的大闸蟹最肥美，可一同食用。

 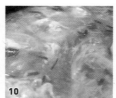

💡 **巧思亮点**

将山药代替水淀粉来勾芡，营养更丰富。

冬三月食谱 2

油醋汁荞麦面/
蒜香三文鱼/
凉拌豆腐/
凉拌莴笋丝/
虫草鸡汤/

前一晚备餐

将冷冻三文鱼放入冰箱冷藏室解冻一晚。

[🕐 共需 **60** min]

食材

荞麦面60g　　　　　冷冻三文鱼170g

乌鸡块20g　　　　　莴笋丝100g

茶树菇30g　　　　　内酯豆腐150g

姜片、红枣、葱段、料酒、虫草花、枸杞、
盐、黑胡椒碎、蒜末、牛油果油、生抽、香
油、葱末、香菜末、榨菜、小米辣、木鱼花
（选用）、花椒油、芝麻、自制油醋汁各适量

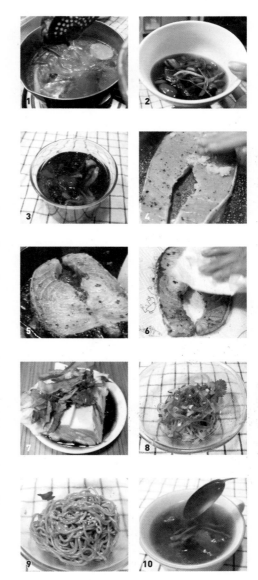

做法

1 _ 将乌鸡块放入冷水锅中加热焯水，加姜
片、葱段、料酒去腥。将鸡块捞出。

2 _ 将茶树菇、红枣、虫草花、枸杞泡发，洗
净后备用。

3 _ 将步骤2的材料和乌鸡块一起炖30min（半
只鸡需要1h）。

4 _ 三文鱼洗净、擦干后，用盐、黑胡椒碎、
蒜末腌制15min。

5 _ 铁锅充分预热，加牛油果油（或其他高烟
点植物油），下三文鱼，不要立刻翻动，煎
至两面金黄。

6 _ 将煎好的三文鱼用厨房用纸吸掉油脂。

7 _ 将内酯豆腐切成大块，加生抽、香油、葱
末、香菜末、榨菜、小米辣、木鱼花（可
不加）。

8 _ 莴笋丝焯水捞出，加生抽、花椒油、香
油、葱末、香菜末、小米辣。搅拌均匀。

9 _ 荞麦面煮熟后过冷水，加自制油醋汁（做
法见P18）、芝麻、葱花、香菜末。拌匀。

10 _ 此时乌鸡汤也做好了（鸡皮最好不要吃）。

💡 巧思亮点

1） 乌鸡可养颜、补血、滋阴，可以缓解痛经不适，
经期前后都可以吃（经期中最好不要吃）。

2） 煎好的食物如果油脂过多，可用厨房用纸吸
油，避免摄入过多油脂。

3） 鸡皮、鸭皮的饱和脂肪酸含量较多，最好不
要吃。

水煮虾滑青菜荞麦面/

柠檬水/

红枣/

前一晚备餐

将冷冻虾滑放入冷藏室解冻一晚。

食材

生荞麦面50g   生花生米20g

冷冻虾滑100g   青菜200g

香菇50g   红枣1个

柠檬水200mL   蒜粒、盐各适量

做法

1 _ 将生花生米放入空气炸锅用180℃烤7min。

2 _ 将锅内先下蒜粒爆香，放入青菜翻炒至断生，加水煮开。

3 _ 放入香菇。

4 _ 放入虾滑。

5 _ 放入生荞麦面煮开后，加盐调味。

6 _ 花生米也烤好了，放入面碗装饰。搭配红枣一同食用。

 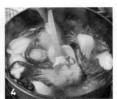

💡 **巧思亮点**

1） 花生米一般都用油炸的方式来烹饪，但做法不健康，所以可以用空气炸锅进行烹饪。

2） 汤面中，蔬菜、主食、肉类的量是依次变少的，这么吃就不会胖。

冬三月食谱 4

杂粮饭/
无水焗大虾/
海带炒香干/
海带萝卜汤/

前一晚备餐

前一晚无需备餐。

食材

冷冻杂粮饭130g   大虾6个

海带150g   白萝卜段100g

豆干100g

料酒、蒜片、葱段、姜片、生抽、白胡椒粉、香菜、橄榄油、蒜粒、花椒、小米辣、盐、寿司酱油、芥末各适量

做法

1 _ 倒入料酒使大虾去腥。

2 _ 铁锅预热，直接倒入大虾、蒜片、葱段，加盖焖2min左右。

3 _ 将新鲜的海带焯水后切丝，豆干切块后焯水。

4 _ 用步骤2锅中残留的虾黄继续炒下一道菜，加姜片爆香，放入海带丝翻炒，倒少许料酒去腥。

5 _ 加水煮沸，倒入白萝卜段煮熟。

6 _ 用生抽、白胡椒粉、香菜调味。

7 _ 铁锅微预热，加橄榄油，放蒜粒、姜片、花椒、小米辣爆香。

8 _ 再加海带丝和豆干翻炒，加点料酒去腥，最后加盐调味。

9 _ 在寿司酱油中挤入适量芥末。将冷冻杂粮饭用微波炉加热后搭配食用。

💡**巧思亮点**

1) 同一种食材可做成多种菜，比如海带，可以做菜和做汤，解决多余食材问题。

2) 锅内残留的虾的精华，可以继续用于制作下一道菜。

冬三月食谱 5

杂粮花卷/
黑胡椒牛肉粒/
水煎小白菜/
扇贝萝卜鸡蛋汤/
核桃/

前一晚备餐

将冷冻牛霖肉提前一天放入冰箱冷藏室解冻。

[⏱ 共需 **60** min]

食材

冷冻杂粮花卷60g　　冷冻牛霖肉100g

冷冻扇贝1个　　　　小白菜100g

胡萝卜丝30g　　　　白萝卜丝100g

核桃2个　　　　　　鸡蛋1个

香菇、盐、黑胡椒碎、葱花、橄榄油、花椒、
蒜粒、牛油果油各适量

做法

1 _ 将冷冻牛霖肉解冻后切成大颗牛肉粒，加
盐、黑胡椒碎腌制15min。

2 _ 将鸡蛋打入锅中煎熟，加沸水。

3 _ 再倒入香菇、白萝卜丝、冷冻扇贝一起煮。

4 _ 加盐、葱花调味。

5 _ 冷锅冷油，将冷冻杂粮花卷放锅内煎至底
部金黄后，加少许水焖2～3min。

6 _ 用焖煎法煮蔬菜：锅微预热，加橄榄油，放
花椒、蒜粒爆香，倒入小白菜和胡萝卜丝，
加少许水，加盖焖2～3min，加盐调味。

7 _ 铁锅充分预热至冒烟，倒入牛油果油（或
其他烟点高的植物油），放入牛肉粒，煎
1～2min。

8 _ 撒适量盐调味。搭配核桃一同食用。

💡 巧思亮点

1) 牛霖肉可炖、可煎，烹饪方式较灵活，是我
的常购食材，也可将食材预处理成若干份，
用锡纸包好冷冻保存。

2) 冬天多吃白萝卜，可消肿、利湿。

冬三月食谱 6

蒸贝贝南瓜/
香烤三文鱼/
蔬菜蛋饼/
姜枣奶/
核桃/

前一晚备餐

1）将冷冻三文鱼放入冷藏室解冻一晚。

2）将圆白菜和胡萝卜切丝备用。

3）将红枣、生姜切成丁后放入冰箱冷藏。

食材

贝贝南瓜130g	冷冻三文鱼120g
胡萝卜丝50g	圆白菜丝100g
鸡蛋1个	核桃2个
红枣2~3个	生姜5g
牛奶200mL	

盐、黑胡椒碎、花椒粉、虾皮、香葱、橄榄油
各适量

做法

1 _ 将贝贝南瓜蒸10~15min。

2 _ 将红枣和生姜切丁。

3 _ 倒入牛奶，一起打成米糊。

4 _ 将三文鱼加盐、黑胡椒碎腌制15min。

5 _ 水浴法烤三文鱼：空气炸锅底部放少许水，将三文鱼180℃烤10~15min。

6 _ 将圆白菜丝和胡萝卜丝加盐使水分渗出后冲洗一下。

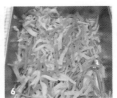

7 _ 依次加入鸡蛋、盐、花椒粉（或鲜辣粉）、虾皮、香葱、橄榄油。搅拌均匀。

8 _ 铁锅微预热，喷一层油，倒入步骤6的食材，摊成饼，压实，小火慢煎至两面金黄。

9 _ 此时三文鱼也烤好了。

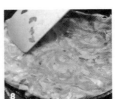

10 _ 将半颗红枣放入牛奶杯中装饰。搭配核桃一同食用。

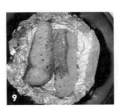

💡 巧思亮点

1）水浴法烤鱼可以保留鱼肉中的水分，不发干。

2）在牛奶中加入生姜和红枣，可以中和牛奶的寒性。

3）早上不习惯吃蔬菜的话，可以做成蛋饼。

冬三月食谱 77

全麦核桃面包/

蒜香鸡肉蘑菇/

焖煎青菜/

煎蛋/

水果茶/

小萝卜/

前一晚备餐

1） 鸡胸肉丁提前一晚腌制并放入冰箱冷藏（腌制的方法见P34）。

2） 青菜清洗后沥干，放入冰箱冷藏保存。

食材

全麦面包130g   鸡胸肉丁100g

油菜150g   蘑菇丁50g

鸡蛋1个   小萝卜1个

橙子肉1个

盐、黑胡椒碎、葱花、橄榄油、花椒、冻干
茶块、低脂奶酪、烘焙燕麦、甜椒粉各适量

做法

1 _ 将全麦面包切片。吃不完的冷冻保存。

2 _ 将面包片放入锅内烘烤加热至金黄，同时
再煎鸡蛋，用盐、黑胡椒碎调味。

3 _ 将腌好的鸡胸肉丁抓匀。

4 _ 锅内喷少许油，下入鸡胸肉丁，再下入蘑
菇丁，煎至金黄，撒葱花出锅。

5 _ 用焖煎法烹饪蔬菜：锅预热到低温，倒入
少许橄榄油，加花椒爆香后，放入油菜，
加少许水，加盖焖2～3min，撒盐调味。

6 _ 将橙子肉捣碎，加冻干茶块或者红茶叶。

7 _ 倒入热水冲泡。

8 _ 在全麦面包上涂低脂奶酪和烘焙燕麦，在
鸡胸肉丁上撒点甜椒粉，提升风味。搭配
小萝卜一同食用。

💡 巧思亮点

1） 用水果茶代替糖分含量较高的果汁。

2） 地中海饮食法中最好选用低脂乳制品，比如
低脂奶酪。

3） 如果不能吃辣，可以使用甜椒粉代替辣椒
粉，味道不辣，但有辣香。

4） 最简单的面包加热方式，就是直接放入锅内
烘烤，不用喷油。

冬三月食谱 8

蒸手指玉米/
蒸蛋/
豆腐脑/
烤花生米/
红枣/

前一晚备餐

将木耳丝、金针菇、紫菜放入保鲜盒冷藏。

食材

手指玉米3个 　　　　内酯豆腐200g

木耳丝50g 　　　　　金针菇50g

紫菜10g 　　　　　　鸡蛋1个

红枣1个 　　　　　　生花生米20g

生抽、虾皮、山药、陈醋、橄榄油、香菜各适量

做法

1 _ 将生花生米放入空气炸锅180℃烤7min。

2 _ 内酯豆腐用勺子舀入蒸碗内。

3 _ 将内酯豆腐、手指玉米、鸡蛋一起蒸 10min。

4 _ 将木耳丝、金针菇、紫菜放入容器中。

5 _ 锅微预热，倒入橄榄油，放入步骤4的材料翻炒，加水没过食材，再倒少许生抽、虾皮调味即为卤汁。

6 _ 将山药刮泥（代替淀粉）勾芡。

7 _ 倒入陈醋调味。

8 _ 在蒸好的内酯豆腐上淋上卤汁，再淋少许橄榄油。

9 _ 加上对切成两半的鸡蛋、花生米、香菜装饰。搭配红枣一同食用。

💡 巧思亮点

1） 用山药代替淀粉勾芡，营养价值更高。

2） 豆类是植物中的优质蛋白质来源。豆制品中，豆腐的做法丰富，豆腐脑适合冬天早上吃。

3） 用烤花生米代替油炸花生，不仅做法简单，而且更健康。

冬三月食谱 9

桂圆红薯燕麦粥/

香煎小鲳鱼/

水煎菠菜/

煎蛋/

烤花生米/

巧克力牛奶/

核桃/

前一晚备餐

1）将做粥的食材提前准备好：红薯丁、红枣丁、桂圆肉、奇亚籽。

2）将小鲳鱼提前一晚腌制（用盐、姜片、料酒）。

食材

红薯、红枣、桂圆肉、奇亚籽共80g

小鲳鱼1条　　　　菠菜100g

鸡蛋1个　　　　　核桃2个

生花生米20g　　　巧克力牛奶150mL

燕麦片1包（约50g）

盐、黑胡椒碎、橄榄油、花椒各适量

做法

1 _ 将生花生米放入空气炸锅180℃烤7min。

2 _ 将提前准备好的红薯丁、红枣丁、桂圆肉、奇亚籽从冰箱中取出备用。

3 _ 将步骤2的食材倒入沸水中煮熟后，加入燕麦片，煮熟后关火闷5min。

4 _ 将提前准备腌制好的小鲳鱼从冰箱中取出备用。

5 _ 锅充分预热，喷少许油，将小鲳鱼煎至两面金黄（新手建议用不粘锅），同时煎鸡蛋，用盐和黑胡椒碎调味。

6 _ 锅内油渍用厨房用纸擦干。

7 _ 水煎法煮菠菜：锅中倒入清水，放盐、橄榄油、花椒煮开，放入菠菜焯熟捞出。

8 _ 将闷好的桂圆红薯燕麦粥盛入碗中。

9 _ 将巧克力牛奶用微波炉加热，若家里有无糖巧克力也可放进牛奶中。搭配核桃一同食用。

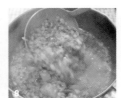

💡 巧思亮点

1）早上几分钟就能吃到杂粮粥的方法，就是将燕麦和红薯一起煮，粗细搭配。

2）新手煎鲳鱼容易粘锅，建议用不粘锅或者空气炸锅烤。

手指玉米/
虾仁蛋羹/
虾仁菠菜牛油果沙拉/
花生核桃露/
红枣/

前一晚备餐

无需在前一晚备餐。

食材

手指玉米3根   虾仁80g

菠菜50g   彩椒50g

牛油果1/2个   鸡蛋1个

红枣1个   生花生米20g

核桃20g

盐、橄榄油、花椒、柠檬片（挤汁）、黑胡椒碎、柠檬皮适量

做法

1 _ 将鸡蛋打入容器中，倒入等量的水，加0.5g盐后搅匀，盖盖或覆保鲜膜后扎孔。

2 _ 将蛋液和手指玉米一起蒸15min。

3 _ 启动"豆浆"模式，将花生和核桃一起打成浆。

4 _ 将彩椒、牛油果切丁。

5 _ 将虾仁焯水。

6 _ 用水煎法煮菠菜：步骤5的水不换，继续放入盐、橄榄油、花椒，将菠菜焯水后捞出。

7 _ 将步骤4~6的食材拌匀，用橄榄油、柠檬汁、盐、黑胡椒碎调味。

8 _ 刮点柠檬皮提升香气。

9 _ 搭配花生核桃露、红枣一起食用。

💡 巧思亮点

1） 早上时间比较紧，所以需要蒸锅、煮锅、豆浆机同时工作，30min内就能搞定早饭。

2） 凉拌菜上加点柠檬汁能提升香味，在煎烤物上撒柠檬皮可以解腻。

荞麦汤面/
香煎小鲳鱼/
姜丝荷兰豆/
煎蛋/
奇亚籽希腊酸奶/
金橘/

前一晚备餐

1） 将小鲳鱼提前一晚腌制（腌料：盐、姜丝、黑胡椒碎、葱丝、料酒）。

2） 荷兰豆择洗干净后沥去水，冷藏保存。

食材

生荞麦面60g	小鲳鱼100g
荷兰豆100g	鸡蛋1个
金橘4个	奇亚籽希腊酸奶100g

盐、黑胡椒碎、姜片、花椒、葱丝、料酒、荷兰豆、橄榄油、虾皮、生抽、葱花各适量

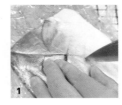
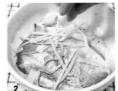

做法

1 _ 提前一晚处理小鲳鱼，将小鲳鱼划"十"字刀。

2 _ 加盐、姜丝、黑胡椒碎、葱丝、料酒腌制一晚（至少腌制15min）。

3 _ 锅预热至冒烟，喷油，将带鱼皮的一面先煎，定形后再翻面。同时锅内再煎蛋，要用盐、黑胡椒碎调味。

4 _ 将下述食材用锡纸包好：荷兰豆、姜片、花椒、盐、橄榄油。

5 _ 放入锅中加盖加热。

6 _ 几分钟后锡纸内的蔬菜就焖熟了。

7 _ 将生荞麦面煮熟。

8 _ 制作荞麦面汤料：将虾皮、生抽、葱花用开水冲泡。搭配金橘和奇亚籽希腊酸奶一同食用。

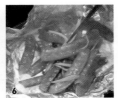

💡巧思亮点

1） 用锡纸包裹蒸食材，能很好地锁住食材水分。

2） 将姜丝和蔬菜一起烹饪，能中和蔬菜的寒性。

冬三月食谱12

烤南瓜/
烤三文鱼/
烤胡萝卜/
烤菌菇/
老豆腐萝卜丝汤/
火龙果/

前一晚备餐

将冷冻三文鱼排提前放入冰箱冷藏室解冻一晚。

[🕐 共需 **60** min]

食材

冷冻三文鱼排200g   南瓜80g

口蘑、香菇共80g   胡萝卜60g

白萝卜丝100g   老豆腐50g

火龙果100g

日式柠香调味料：盐、黑胡椒碎、柠檬汁

盐、黑胡椒碎、甜椒粉、辣椒丝、枸杞、虾皮、

白胡椒粉、生抽

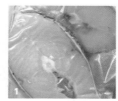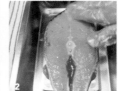

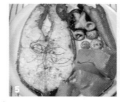

做法

1 _ 将解冻三文鱼排从冰箱中取出，去掉包装。

2 _ 将三文鱼排用日式柠香调味料腌制15min。

3 _ "一锅烤"：将三文鱼、南瓜、口蘑、香菇、胡萝卜一起放烤盘内，喷少许油，撒盐、黑胡椒碎调味。

4 _ 放入烤箱，先用180℃烤20min，最后用220℃烤10~20min。

5 _ 将烤好的三文鱼撒点甜椒粉，放辣椒丝装饰。

6 _ 锅微预热，倒橄榄油，将老豆腐放锅内煎至两面金黄后加水煮开。

7 _ 放入白萝卜丝和枸杞，煮10min左右，加虾皮、白胡椒粉、盐、生抽调味。搭配火龙果一同食用。

💡 巧思亮点

1）"一锅烤"省时又省力，将鱼、主食、耐烤蔬菜一起放进烤箱即可，不考验厨艺。

2）冬天不宜吃得过于油腻，适合吃豆腐、萝卜等食材。

冬三月食谱 13

杂粮饭/
香烤三文鱼/
低脂鱼香肉丝/
杂蔬汤/
核桃/

前一晚备餐

将冷冻三文鱼提前放入冷藏室解冻一晚。

[⏱ 共需 **60** min]

食材

冷冻三文鱼100g　　杂粮饭130g

猪肉糜20g　　　　　茄子段200g

彩椒丁50g　　　　　口蘑50g

核桃2个

盐、黑胡椒碎、生抽、陈醋、蒜泥、番茄膏、
山药泥、大葱丝、料酒、盐、橄榄油、大葱段、
豆腐皮、白胡椒粉、葱花各适量

做法

1 ＿ 将三文鱼用盐、黑胡椒碎腌制15min。

2 ＿ 用水浴法烤三文鱼，不用喷油，在空气炸
　　锅底部放少许水，180℃烤10～15min。

3 ＿ 制作低脂鱼香肉丝酱汁：将生抽2勺、陈
　　醋1勺、适量蒜泥、番茄膏（代替白砂
　　糖）、山药泥（代替生粉）拌匀即可。

4 ＿ 在茄子段中加适量盐，揉搓后静置几分钟
　　再冲洗，蒸茄子的时候不变色。

5 ＿ 再加入彩椒丁、大葱丝、腌制过的猪肉糜
　　少许（在肉糜中加入料酒、盐）、橄榄油。

6 ＿ 再放入步骤3的酱汁，拌匀。

7 ＿ 蒸20～30min，其间需要翻动后入味。

8 ＿ 用冰箱的厨余食材做汤：将口蘑、大葱
　　段、豆腐皮放锅内翻炒下，加水煮开。

9 ＿ 用白胡椒粉、盐、葱花调味。

10 ＿ 将低脂鱼香肉丝淋在杂粮饭上即可。搭配
　　核桃一同食用。

💡**巧思亮点**

1）　鱼香肉丝的传统做法是高糖高油，为了减少
　　热量摄入，食谱中用番茄膏调味代替白砂
　　糖，且只加了少许油，改用蒸的烹饪方式，
　　用山药代替水淀粉进行勾芡。

2）　冰箱会剩余很多边角料的食材，可以做汤处
　　理掉，不浪费食材。

3）　水浴法烤鱼可以保留鱼肉湿润、不干不柴的
　　口感。

冬三月食谱 14

咖喱味杂粮饭/
虫草红枣鸡汤/
香烤青花鱼/
锡纸酒香南苜蓿/
凉拌萝卜丝/

前一晚备餐

将冷冻青花鱼提前放入冷藏室内解冻。

[🕐 共需 **60** min]

食材

杂粮米50g　　　青花鱼80g

鸡腿块50g　　　白萝卜丝150g

南苜蓿100g　　　虫草花30g

干香菇10g

日式咖喱块、姜片、料酒、红枣、盐、生抽、
橄榄油、香菜、白酒、姜丝、葱段各适量

做法

1 _ 将杂粮米洗净后，蒸50min。可以再加日式咖喱块一起蒸。

2 _ 制作麻油鸡：热锅冷油先煎姜片，煎至金黄后，中火再下入鸡腿块，煎至水分收干后倒入料酒去腥。

3 _ 加水没过食材，再放入泡好的干香菇、虫草花、红枣，煮30min，出锅前加盐调味。

4 _ 白萝卜丝先用盐腌片刻使水分析出，冲洗后攥干水分。将生抽、橄榄油、香菜拌匀后作为调料油。

5 _ 将南苜蓿铺在锡纸上，喷橄榄油，均匀撒少许盐，倒入一点白酒。

6 _ 将锡纸折起来，放入铁锅内加热2min左右，水蒸气从锡纸中冒出就说明烤好了。

7 _ 将锡纸掀开。

8 _ 将青花鱼用以下调料腌制15min：盐、料酒、姜丝、葱段。

9 _ 用水浴法烤青花鱼，不用喷油，在空气炸锅底部放少许水，180℃烤10~15min。

10 _ 将食物摆盘即可食用。

💡 巧思亮点

　　制作传统酒香南苜蓿时会放很多油，锡纸包苜蓿的做法低油低温更健康，操作简单更适合新手。

杂粮饭/
香蒜煎大虾/
焖煎青菜/
杂蔬酸辣汤/
红枣

前一晚备餐　　　　　　　　　　　　　[🕐 共需 **60** min]

杂粮饭提前做好分成若干份后冷冻保存，食用前用微波炉或蒸锅加热即可。

食材

冷冻杂粮饭130g　　　冰鲜大虾5个

油菜150g　　　　　　胡萝卜丝20g

香菇片20g　　　　　　海带丝30g

内酯豆腐80g　　　　　红枣1个

鸡蛋1个

盐、黑胡椒碎、料酒、蒜泥、橄榄油、蒜粒、
生抽、白胡椒粉、陈醋、鲜辣粉各适量

做法

1 _ 冰鲜大虾开背。

2 _ 去掉背部的虾线。

3 _ 加盐、黑胡椒碎、料酒、蒜泥腌制15min。

4 _ 锅预热后，喷少许油，将大虾一面朝下先
　　煎至定形，熟后再翻面。

5 _ 锅内倒入少许橄榄油，撒薄盐和蒜粒，翻
　　炒几下。

6 _ 倒入油菜，倒少许水焖熟。

7 _ 制作酸辣汤：将香菇片、胡萝卜丝、海带
　　丝翻炒几下，倒入水煮沸后，下内酯豆
　　腐，调味加生抽和大量白胡椒粉。

8 _ 煮熟后关火，加陈醋、鲜辣粉并下蛋液划
　　蛋花。将冷冻杂粮饭用微波炉加热。搭配
　　红枣一同食用。

💡 巧思亮点

锅底先撒薄盐再放蔬菜，可省去将蔬菜焖好后再
放盐的步骤。

冬三月食谱16

油煎大馄饨/
香烤比目鱼排/
清蒸蒜蓉娃娃菜/
杂蔬酸辣汤/

前一晚备餐

将冷冻比目鱼排提前一天放冰箱冷藏室解冻。

食材

冷冻荠菜猪肉大馄饨5个　　冷冻比目鱼排3块
娃娃菜100g　　　　　　　胡萝卜丝20g
海带丝30g　　　　　　　　内酯豆腐80g
鱿鱼丝70g　　　　　　　　蛋液1个
盐、黑胡椒碎、蒜泥、橄榄油、生抽、白胡椒粉、
陈醋、鲜辣粉、蒸鱼豉油、小米辣各适量

做法

1 _ 将冷冻比目鱼排撒盐、黑胡椒碎腌制。

2 _ 用水浴法烤鱼：空气炸锅底部放少许水，在比目鱼排表面喷油，180℃烤10～15min。

3 _ 将娃娃菜切成四份，撒盐、蒜泥、橄榄油，蒸15min。

4 _ 热锅冷油，将冷冻荠菜猪肉大馄饨直接放入锅内。

5 _ 煎至底部焦黄后，加少许水焖熟。

6 _ 制作酸辣汤：将鱿鱼丝、胡萝卜丝、海带丝翻炒几下，倒入水煮沸后，下入内酯豆腐，加生抽和大量白胡椒粉调味。

7 _ 煮熟后关火，加陈醋、鲜辣粉，倒入蛋液。

8 _ 蒸好的娃娃菜淋蒸鱼豉油，撒小米辣。

9 _ 此时比目鱼排也烤好了，色泽金黄。

💡 巧思亮点

1) 切分整条深海鱼（如三文鱼、比目鱼等）时，中间的大鱼骨（鱼排）不要扔，也可以煎烤食用。

2) 用冰箱内的厨余边角料食材做汤，不浪费。

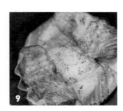

冬三月食谱17

蔬菜焖饭/
蔬菜牛肉饼/
焖煎圆白菜/
煎大虾/
杂蔬牛丸汤/

前一晚备餐

将冷冻牛肉糜和大虾提前一天放入冷藏室解冻。

[🕐 共需 **60** min]

食材

蔬菜焖饭150g	冷冻大虾3个
冷冻牛肉糜100g	牛筋丸2个
圆白菜末30g	胡萝卜末30g
圆白菜丝50g	泡发木耳30g
胡萝卜丝30g	豆芽50g
冻豆腐50g	

蛋清、盐、淀粉、橄榄油、料水（葱、姜、花椒）、油醋汁、花椒粒、盐各适量

做法

1 _ 将圆白菜末、胡萝卜末、牛肉糜拌匀。

2 _ 加入蛋清、盐、淀粉、橄榄油、料水少许调味。搅拌均匀至能搓成球的硬度。

3 _ 铁锅充分预热，倒橄榄油（或其他高烟点植物油），将步骤2的肉饼搓成圆球下锅小火慢煎，底部定形后再翻面。

4 _ 同时在锅内煎大虾。

5 _ 将油醋汁（做法见P18）、淀粉少许、水调和成制作蔬菜牛肉饼的酱汁。

6 _ 锅微预热，加橄榄油，放入花椒粒爆香。下圆白菜丝、胡萝卜丝、泡发木耳、步骤2剩余的蛋黄，加水焖煮几分钟至圆白菜丝软糯时加盐调味。

7 _ 将豆芽、冻豆腐、圆白菜翻炒几下。

8 _ 加水煮沸后，加入牛筋丸，最后加盐调味。

9 _ 将步骤5的酱汁淋在牛肉饼上，提味又解腻。

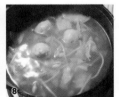

💡 **巧思亮点**

1） 带酸味的油醋汁能中和肉类的肥腻感。

2） 把蔬菜加入牛肉饼中，对于不爱吃蔬菜的人来说可以摄入更多蔬菜。

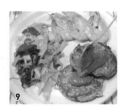

冬三月食谱18

杂粮饭/
盐烤三文鱼头/
煎老豆腐/
蒜味荷兰豆/
关东煮/

前一晚备餐

1）将冷冻三文鱼头提前一天放入冷藏室解冻。

2）杂粮饭是提前做好、分装后冷冻保存的，食用前用微波炉或蒸锅复热。

食材

冷冻三文鱼头1/2个　　冷冻杂粮饭100g

荷兰豆100g　　　　　白萝卜块100g

老豆腐块100g　　　　鸡蛋1个

干昆布、木鱼花、苹果块、干香菇块、生抽、盐、黑胡椒碎、蒜片、料酒各适量

做法

1 干昆布下入冷水锅中用小火煮开，下入木鱼花半分钟后捞出。

2 加白萝卜块、苹果块、干香菇块，煮40min（量大需要1小时），之后加少许生抽调味。

3 加自己想吃的关东煮食材一起煮，我放了自己喜欢吃的鸡蛋。

4 三文鱼头用盐、黑胡椒碎、料酒腌制15min。

5 在三文鱼头表面喷油，放入空气炸锅或烤箱烤15min。

6 老豆腐块和荷兰豆先焯水捞出备用。热锅热油下老豆腐，不要翻动，等底部金黄后再翻面，煎至两面金黄，撒盐、黑胡椒碎调味。

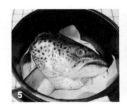

7 锅内继续下蒜片爆香，倒入荷兰豆翻炒，加盐、黑胡椒碎调味。

8 将冷冻的杂粮饭复热一下。

💡 巧思亮点

1）白萝卜另一种好吃的做法就是做成关东煮，不仅做法清淡，煮出来味道也会鲜美清甜。

2）三文鱼头是比较便宜的食材，差不多10块钱左右就能买到一个鱼头，可以用盐烤或者熬成汤。

冬三月食谱 19

荞麦汤面/
香煎鲫鱼/
煮冻豆腐/
炒大白菜/
烤牛油果/
蛋卷/
生姜红枣陈皮饮/
纳豆/

前一晚备餐

将鲫鱼提前一天用下述食材腌制：盐、料酒、姜片、葱段。

食材

生荞麦面65g　　　　　鲫鱼100g

大白菜150g　　　　　牛油果1/2个

冻豆腐50g　　　　　　鸡蛋2个

生姜、红枣、陈皮、橄榄油、牛油果油、盐、
黑胡椒碎、甜椒粉、纳豆、葱花各适量

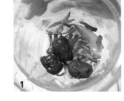 

做法

1_ 将红枣掰开，取等量的生姜和红枣，加入
少许陈皮，煮20min左右。

2_ 锅微预热，加橄榄油，下入大白菜，翻炒
至白菜水分蒸发。

3_ 倒入水，煮开后，加入生荞麦面和冻豆腐，
加盐调味。

4_ 将鸡蛋搅打成蛋液。锅微预热，喷油，下
入蛋液，拿起锅离火，将蛋液均匀铺开，
将蛋皮卷起。

5_ 再喷油倒入蛋液，连带步骤4的蛋卷一起
卷起，重复3~4次，蛋卷越卷越厚。

6_ 将锅充分预热，倒入牛油果油（或其他高烟
点的植物油），将鲫鱼带皮一面先煎至金黄
后再翻面。

7_ 牛油果撒盐、黑胡椒碎，空气炸锅或烤箱
180℃烤10min。

8_ 摆盘时加点甜椒粉和葱花提升风味。搭配
纳豆一同食用。

💡 巧思亮点

1） 女生经常喝姜枣茶，能美容养颜，还可以提
亮肤色。

2） 吃面时，不能只吃面条，否则血糖会升得
很快。

杂粮馒头/
蒸红薯/
蒸山药/
香烤小黄鱼/
水煎白玉菇油麦菜/
鸡蛋酱/
红豆薏仁红枣奶/

前一晚备餐

1) 将小黄鱼提前一天用盐、料酒、姜片、葱段腌制。

2) 油麦菜清洗沥干，放冰箱冷藏。

3) 将红豆、薏米浸泡一晚。

[⏱ 共需 **30** min]

食材

杂粮馒头70g	山药20g
紫薯30g	小黄鱼3条
油麦菜100g	白玉菇50g
鸡蛋1个	红豆20g
薏米10g	红枣（去核）1~2个
牛奶200mL	

橄榄油、花椒、盐、黄芥末酱、大蒜酱、海苔粉
各适量

做法

1 _ 将杂粮馒头、紫薯、鸡蛋（7~8min）、山药一起蒸15~20min。

2 _ 将红豆、薏米、红枣、牛奶放入破壁机内，启动"米糊"模式。

3 _ 将小黄鱼腌好后备用。

4 _ 水浴法烤鱼：在空气炸锅底部倒少许水，在小黄鱼表面喷油，180℃烤10~15min。

5 _ 水煎法蔬菜：水中放橄榄油、花椒、盐煮开后，倒入油麦菜、白玉菇。煮熟后捞出。

6 _ 制作鸡蛋酱：将步骤1的鸡蛋、黄芥末酱、大蒜酱（或蒜蓉）、海苔粉（没有可不加）放入容器中，捣碎。

7 _ 将步骤6的鸡蛋酱拌蔬菜一起吃。

8 _ 此时小黄鱼烤好了，色泽金黄。

9 _ 搭配红豆薏仁红枣奶一起食用。

💡 **巧思亮点**

1) 冬天早上的温热饮品可以用各种杂豆、红枣、奶、水来搭配制作。

2) 在杂豆豆浆中经常加点薏米有助于祛湿。

3) 小黄鱼的做法多为油煎，但新手掌握不了火候，"烤"的烹饪方式是最简单、最接近油煎味道的方式，还很健康。

4) 山药、紫薯属于淀粉类蔬菜，在地中海饮食法中都属于主食，但也应该摄入适量种子类主食（如米、杂豆等），保证营养更全面。

冬三月食谱 21

杂粮馒头/
香烤虾滑牛排菇/
水煮毛豆/
水波蛋/
荸荠饮/
碧根果/

前一晚备餐

[🕐 共需 **30** min]

1） 将冷冻虾滑放冰箱冷藏室解冻一晚。

2） 荸荠去皮冷藏保存。

食材

杂粮馒头60g　　　冷冻虾滑80g

牛排菇1个　　　　毛豆50g

鸡蛋1个　　　　　碧根果2个

荸荠5个

胡萝卜末、盐、黑胡椒碎、八角、甜椒粉、花生
酱、干桂花各适量

做法

1＿ 将虾滑和胡萝卜末搅拌均匀。

2＿ 将牛排菇（或其他大的香菇）焯水后去泥
　　腥味，撒盐、黑胡椒碎。

3＿ 将步骤1的虾滑塞入牛排菇内，用空气炸
　　锅180℃烤15min。

4＿ 荸荠和水一起放破壁机内，启动"米糊"
　　模式。

5＿ 沸水中下入一枚鸡蛋，定形后煮7min左右
　　捞上来，做成水波蛋。

6＿ 在步骤5的水中继续加八角、盐，下毛豆
　　煮熟后捞出，约10min。

7＿ 此时虾滑牛排菇也烤好了。

8＿ 摆盘时撒甜椒粉，加一勺花生酱蘸馒头吃。

9＿ 荸荠饮也打好了，加干桂花装饰，增加
　　香味。搭配碧根果一同食用。

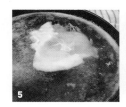

💡 巧思亮点

1） 荸荠有止咳化痰、生津止渴的食疗效果，除了
　　生吃外，最简单的做法就是用破壁机打成热饮。

2） 八角属于中式香料，适合用来给毛豆调味。

1 可以吃什么？不可以吃什么？

种类	多吃	适量吃	少吃
碳水化合物	杂粮馒头、杂粮饭、杂豆、藜麦、玉米、地瓜、山药、全谷物燕麦、小麦胚芽、粗粮面、粗粮面包、粗粮馒头	大米饭、面条、花卷、大饼、粽子、白馒头、饺子、馄饨、白吐司、糯米糕团、发糕	油条、葱油饼、脆饼、饼干、薯条、蛋挞、可颂、开酥糕点、甜面包、各种派、薯片、方便面、春卷、甜甜圈、果汁、汽水、奶茶、爆米花、萨其马、布丁、比萨、土豆粉、米线、螺蛳粉、汉堡
蛋白质	鱼肉、虾肉、鸡肉、鸭肉、豆类、豆腐、豆浆、纳豆、低脂酸奶、低脂牛奶、低脂奶酪	猪肉、牛肉、羊肉、腐乳、全脂酸奶、全脂牛奶、全脂奶酪	红烧肉、培根、午餐肉、香肠、火腿、腊肉、腌肉、腌鱼、炸鸡、咸蛋、皮蛋、炸肉丸、炸猪排、牛肉干、猪肉脯、调味乳品
脂肪	初榨植物油（橄榄油、牛油果油、山茶籽油等）、坚果、花生酱、瓜子仁、芝麻、牛油果	精炼植物油（菜籽油、葵油、大豆油、玉米油等）	黄油、猪油、冰激凌、蛋糕、高脂沙拉酱、果冻、糖果、蜜饯、植物奶油、奶油、棕榈油、代可可脂
其他	蔬菜、水果、菌菇		泡菜、腌菜、酱菜、人工色素、加工类快餐、含过多添加剂的食品

2 地中海饮食法四季食谱结构

序号	主食	素菜	白肉	蛋类	饮品	汤	坚果	小食（水果）
春季：1	葱油荞麦面	水煎菜尖	油焖小鲳鱼	煎蛋	懒人奶茶			
2	全麦韭菜鸡蛋盒子	水煎菜尖	烤米鱼		枸杞坚果燕麦饮			
3	杂粮饭	味噌蒸西葫芦 / 味噌蒸老豆腐 / 味噌蒸菌菇（味噌一锅蒸）	味噌蒸银鳕鱼			时蔬杂汤		
4	蒸玉米	水煎米苋			鱼片番茄浓汤			红枣
5	杂粮花卷	焖煎圆白菜	煎三文鱼	煎蛋	玉米坚果饮			红枣
6	杂粮馒头/蒸山药	水煎虫草花菠菜	煎一夜渍小黄鱼	紫菜蒸蛋羹	杂豆黑芝麻饮		山核桃	
7	姜黄松茸菜饭	焖煎芹菜木耳	香烤草鱼				随个人喜好	红酒炖水果
8	燕麦面包		水煮黑虎虾	芹菜叶炒鸡蛋	黑豆黑芝麻坚果饮			酸奶燕麦片
9	咖喱杂蔬炒饭		烤鳗鱼			甜虾豆腐豆芽汤	核桃	
10	蒸红薯/蒸山药	水煎芦笋	煎鲈鱼	槐花炒蛋	燕麦花生饮			

续表

序号	主食	素菜	白肉	蛋类	饮品	汤	坚果	小食（水果）
11	荠菜猪肉大馄饨	水煎芦笋	烤青花鱼	胡萝卜蛋卷	玉米燕麦饮		随个人喜好	
12	鸡肉韭菜蚕豆焖饭	紫苏碎				豆瓣杂蔬汤		
13	春笋香菇槐花焖饭	水煎米苋	香煎三文鱼腩			鱼丸紫菜汤		
14	燕麦吐司	焖煎芦笋	煎洋葱牛肉片	煎蛋	豌豆玉米饮			红枣
15	拌青稞面	蒜蓉红薯叶/蚕豆	蛏子滑蛋		百香果椰子饮			
16	杂粮饭	烤四季豆/菠菜拌腐竹	香煎鸡排			时蔬杂汤		
17	杂粮饭	清炒蚕豆	韭菜炒螺蛳肉			油面筋虾滑汤		
18	全麦蛋饼卷紫苏叶	焖煎芹菜	烤虾滑		蔬菜汁			红枣
19	红豆陈皮粥/西葫芦鸡蛋饼	水煎油麦菜	烤三文鱼骨		红豆水			
20	杂粮饭	香椿蚕豆炒春笋	烤比目鱼		小吊梨汤			红枣
21	春笋豌豆香椿焖饭		烤带鱼			裙带菜汤		红枣/巧克力
夏季：1	杂粮花卷	油煎番茄片/油煎白玉菇	煎海鲈鱼	紫苏煎蛋	拿铁咖啡		随个人喜好	
2	馄饨	蟹肉棒拌黄瓜花/煎姬松茸	烤比目鱼		荞麦茶			
3	山药杂粮饭	焖煎空心菜	日式鳗鱼			紫菜蛋丝汤		
4	葱香杂粮馒头片	水煎菠菜/煎蘑菇	虾仁滑蛋					简易双皮奶
5	拌荞麦面	豆角丝凉拌胡萝卜丝/煎豆干	烤掌中宝		荸荠汁			
6	烤贝贝南瓜/烤山药	水煎芥蓝	洋葱炒牛肉	煎蛋	仙人掌百香果饮			
7	凉拌荞麦面	水煎空心菜	烤青花鱼	蒸蛋				希腊酸奶
8	煎荠菜馄饨	煎菌菇	煎草鱼	煎蛋	豆浆			煎牛油果片
9	杂粮饭	丝瓜拌芡实/葱油素鸡	烤鸡翅			杂蔬酸辣汤		
10	杂粮花卷	莲子凉拌时蔬	煎三文鱼	煎蛋	苹果醋青柠苏打水		随个人喜好	
11	杂粮花卷/蒸红薯	姜丝杂蔬拌腰豆	烤小黄鱼	煎蛋	红豆汤			
12	杂粮饭	水煎绿叶菜/蒜泥凉拌藕片	煎红鱼			丝瓜虾滑汤		
13	煮大粒子	凉拌薄荷圣女果/豆腐花	煎带鱼	煎蛋	大粒子米汤			
14	糟毛豆/煮豌豆	煎豆腐	罗氏沼虾			番茄冬瓜汤		

续表

序号	主食	素菜	白肉	蛋类	饮品	汤	坚果	小食（水果）
15	蘑菇蛋饼/煮红腰豆	焖煎空心菜	煎三文鱼		豆浆泡燕麦			
16	寿司杂粮饭	水煎红薯叶	香菜拌牛肉			杂粮饭米汤		
17	寿司杂粮饭	焖煎菜心	香橙烤比目鱼			杂蔬豆腐汤		
18	寿司杂粮饭	焖煎蒜苗	虫草花蒸鸡肉			鸡汤		
19	三文鱼蔬菜炒饭					杂蔬汤		红枣
20	寿司杂粮饭	焖煎黄花菜	青椒酿虾滑			杂蔬汤		
21	全麦贝果	焖煎茼蒿	煎三文鱼	煎蛋	美式咖啡			枣仁派
秋季：1	杂粮花卷/蒸山药	煎牛肝菌	煎蒜香虾仁	煎蛋	拿铁咖啡			
2	蒜香面包	生姜丝瓜	煎牛肉饼	煎蛋	百香果仙人掌汁		随个人喜好	
3	荞麦汤面	水煮油菜	盐烤青花鱼	蛋丝	黑咖啡			红枣
4	杂粮馒头	圆白菜炒香菇	盐烤秋刀鱼			杂蔬味噌汤		
5	杂粮饭	肉糜炒杂蔬丁/酱油拌豆腐脑	干焖罗氏沼虾					
6	全麦饼	凉拌圆白菜丝/豆腐脑	蒜香煎鸡里脊		拿铁咖啡			
7	杂粮饭	煎鸡腿菇	烤黄颡鱼/水煎茼蒿蛤蜊肉			黄颡鱼裙带菜豆腐汤		
8	杂粮饭	冬瓜蒸蛤蜊/水煎鸡毛菜鹿茸菇	香煎比目鱼		香茅汁			
9	杂粮饭/烤板栗	水煎蒜泥菜心	萝卜炖牛腩			牛腩清汤		
10	杂粮饭		比目鱼炖花蛤	韭菜炒蛋		萝卜丝番茄花蛤汤	随个人喜好	坚果
11	荞麦汤面	水煮西蓝花	煎虾饼	煎蛋				红枣
12	山东煎饼/烤板栗	水煎生菜	香烤草鱼	煎蛋	红豆红枣核桃豆浆			
13	杂粮花卷	水煎生菜平菇	香烤草鱼	煎蛋	拿铁咖啡		随个人喜好	水浸豌豆
14	蒸南瓜	煎圆白菜/煎姬松茸	香煎罗非鱼排	蒸蛋	板栗红豆奶			苹果
15	红枣桂圆麦片粥	水煎豇豆	烤小鲳鱼	煎蛋	拿铁咖啡			
16	荞麦汤面	炒大白菜	葱油扇贝肉/煮花蛤	蒸鸡蛋			板栗	
17	蒸紫薯/蒸山药	焖煎菜心	扇贝蒸蛋羹		黑咖啡			红枣/桂圆
18	荞麦汤面	焖煎豇豆	香烤三文鱼骨	煎蛋	板栗毛豆豆浆			
19	荞麦汤面	焖煎豆芽彩椒	白斩鸡			圆白菜香菇汤		
20	红豆饭	焖煎圆白菜胡萝卜	香煎牛霖			懒人汤		
21	杂粮饭	水煎菠菜	香烤比目鱼			白萝卜鸡蛋汤	核桃	

续表

序号	主食	素菜	白肉	蛋类	饮品	汤	坚果	小食（水果）
冬季：1	杂粮饭	白灼菜心	香煎马鲛鱼/清蒸螃蟹			胡萝卜蛋花山药羹		
2	油醋汁荞麦面	凉拌豆腐/凉拌莴笋丝	蒜香三文鱼			虫草鸡汤		
3	水煮虾滑青菜荞麦面				柠檬水			红枣
4	杂粮饭	海带水煎小白菜炒香干	无水焗大虾			海带萝卜汤		
5	杂粮花卷	水煎小白菜	黑胡椒牛肉粒			扇贝萝卜鸡蛋汤	核桃	
6	蒸贝贝南瓜	蔬菜蛋饼	香烤三文鱼		姜枣奶		核桃	
7	全麦核桃面包	焖煎青菜	蒜香鸡肉蘑菇	煎蛋	水果茶			小萝卜
8	蒸手指玉米	豆腐脑		蒸蛋				红枣/烤花生米
9	桂圆红薯燕麦粥	水煎菠菜	香煎小鲳鱼	煎蛋	巧克力牛奶		核桃	烤花生米
10	手指玉米		虾仁蛋羹/虾仁菠菜牛油果沙拉		花生核桃露			红枣
11	荞麦汤面	姜丝荷兰豆	香煎小鲳鱼	煎蛋				奇亚籽希腊酸奶/金橘
12	烤南瓜	烤胡萝卜/烤菌菇	烤三文鱼			老豆腐萝卜丝汤		火龙果
13	杂粮饭		香烤三文鱼/低脂鱼香肉丝			杂蔬汤	核桃	
14	咖喱味杂粮饭	锡纸酒香南苜蓿/凉拌萝卜丝	香烤青花鱼			虫草红枣鸡汤		
15	杂粮饭	焖煎青菜	香蒜煎大虾			杂蔬酸辣汤		红枣
16	油煎大馄饨	清蒸蒜蓉娃娃菜	香烤比目鱼排			杂蔬酸辣汤		
17	蔬菜焖饭	焖煎圆白菜	蔬菜牛肉饼/煎大虾			杂蔬牛丸汤		
18	杂粮饭	煎老豆腐/蒜味荷兰豆	盐烤三文鱼头					关东煮
19	荞麦汤面	煮冻豆腐/炒大白菜	香煎鲫鱼	蛋卷	生姜红枣陈皮饮			烤牛油果/纳豆
20	杂粮馒头/蒸红薯蒸山药	水煎白玉菇油麦菜	香烤小黄鱼	鸡蛋酱	红豆薏仁红枣奶			
21	杂粮馒头	水煮毛豆	香烤虾滑牛排菇	水波蛋	荸荠饮		碧根果	

图书在版编目（CIP）数据

地中海饮食计划：四季元气食单 / 康晓芸编著.
北京：中国轻工业出版社，2025.4. --ISBN 978-7
-5184-5161-6

Ⅰ. TS972.1

中国国家版本馆 CIP 数据核字第 202455293D 号

责任编辑：卢　晶　　责任终审：高惠京　　　　设计制作：锋尚设计
策划编辑：卢　晶　　责任校对：朱　慧　朱燕春　　责任监印：张京华

出版发行：中国轻工业出版社（北京鲁谷东街5号，邮编：100040）

印　　刷：北京博海升彩色印刷有限公司

经　　销：各地新华书店

版　　次：2025年4月第1版第5次印刷

开　　本：787×1092　1/16　印张：13

字　　数：250千字

书　　号：ISBN 978-7-5184-5161-6　定价：68.00元

邮购电话：010-85119873

发行电话：010-85119832　010-85119912

网　　址：http://www.chlip.com.cn

Email：club@chlip.com.cn

我的美食小宇宙

新手每日摄入食物参考
蔬菜量 > 粗粮量 > 豆类量 > 肉类量

蔬菜及菌类： 占比 50% 左右

春： 西葫芦　芦笋　苋菜　蚕豆　菜尖 / 薹
　　 油麦菜　春笋　韭菜　豇豆　毛豆
　　 荷兰豆　豌豆
夏： 胡萝卜　番茄　豆角　黄瓜　冬瓜
　　 空心菜　苋菜　茄子　辣椒　丝瓜
秋： 西蓝花　白菜　生菜　芹菜　韭菜
　　 胡萝卜　蒜苗　莴笋　油菜或其他青菜
　　 杭白菜　菜薹　茼蒿　豌豆尖　圆白菜
冬： 娃娃菜　白菜　菠菜　白萝卜

家禽类： 占比 20%～30%

鸡胸肉　白斩鸡

豆类及豆制品： 占比 20%～30%

黄豆　黑豆　红豆　绿豆　鹰嘴豆　腰豆等
新鲜豆类： 蚕豆　豌豆　毛豆　荷兰豆
　　　　　 红扁豆等
豆制品： 豆腐　豆浆　豆皮　腐竹　百叶
　　　　 豆干　素鸡　油豆腐　纳豆等

鸡蛋： 每周不超过 7 个

红肉： 每个月不超过 4 次

低糖水果： 每天 350g

金橘　火龙果　牛油果　百香果
苹果　红枣

粗粮： 占比 30%～50%

荞麦面　全麦饼　杂粮花卷　杂粮馒头
青稞面　杂粮饭　燕麦吐司　全麦贝果
红豆饭　藜麦饭

水产： 占比 20%～30%

小鲳鱼　河鲈鱼　草鱼　黑虎虾　鳗鱼　虾仁
三文鱼　海鲈鱼　蛏子　带鱼　虾滑　鸡翅
小黄鱼　秋刀鱼　扇贝　螃蟹　罗氏沼虾
马鲛鱼　比目鱼　海虾

低脂乳制品： 每天 500g

★甜点： 每月不超过 4 次

备忘录：

2025

农历乙巳年·生肖蛇

一月

日	一	二	三	四	五	六
			1 元旦	2 初三	3 初四	4 初五
5 小寒	6 初七	7 腊八节	8 初九	9 初十	10 十一	11 十二
12 十三	13 十四	14 十五	15 十六	16 十七	17 十八	18 十九
19 二十	20 大寒	21 廿二	22 北小年	23 南小年	24 廿五	25 廿六
26 廿七	27 廿八	28 除夕	29 春节	30 初二	31 初三	

二月

日	一	二	三	四	五	六
						1 初四
2 初五	3 立春	4 初七	5 初八	6 初九	7 初十	8 十一
9 十二	10 十三	11 十四	12 元宵节	13 十六	14 情人节	15 十八
16 十九	17 二十	18 雨水	19 廿二	20 廿三	21 廿四	22 廿五
23 廿六	24 廿七	25 廿八	26 廿九	27 三十	28 二月小	

三月

日	一	二	三	四	五	六
						1 龙抬头
2 初三	3 初四	4 初五	5 惊蛰	6 初七	7 初八	8 妇女节
9 初十	10 十一	11 十二	12 植树节	13 十四	14 十五	15 十六
16 十七	17 十八	18 十九	19 二十	20 春分	21 廿二	22 廿三
23 廿四	24 廿五	25 廿六	26 廿七	27 廿八	28 廿九	29 三月大
30 初二	31 初三					

四月

日	一	二	三	四	五	六
		1 愚人节	2 初五	3 初六	4 清明节	5 初八
6 初九	7 初十	8 十一	9 十二	10 十三	11 十四	12 十五
13 十六	14 十七	15 十八	16 十九	17 二十	18 廿一	19 廿二
20 谷雨	21 廿四	22 廿五	23 廿六	24 廿七	25 廿八	26 廿九
27 三十	28 四月小	29 初二	30 初三			

五月

日	一	二	三	四	五	六
				1 劳动节	2 初五	3 初六
4 青年节	5 立夏	6 初九	7 初十	8 十一	9 十二	10 十三
11 母亲节	12 护士节	13 十六	14 十七	15 十八	16 十九	17 二十
18 廿一	19 廿二	20 廿三	21 小满	22 廿五	23 廿六	24 廿七
25 廿八	26 廿九	27 五月大	28 初二	29 初三	30 初四	31 端午节

六月

日	一	二	三	四	五	六
1 儿童节	2 初七	3 初八	4 初九	5 芒种	6 十一	7 十二
8 十三	9 十四	10 十五	11 十六	12 十七	13 十八	14 十九
15 父亲节	16 廿一	17 廿二	18 廿三	19 廿四	20 廿五	21 夏至
22 廿七	23 廿八	24 廿九	25 三十	26 初二	27 初三	28 初四
29 初五	30 初六					

七月

日	一	二	三	四	五	六
		1 建党节	2 初八	3 初九	4 初十	5 十一
6 十二	7 小暑	8 十四	9 十五	10 十六	11 十七	12 十八
13 十九	14 二十	15 廿一	16 廿二	17 廿三	18 廿四	19 廿五
20 初伏	21 廿七	22 大暑	23 廿九	24 三十	25 闰六月小	26 初一
27 初三	28 初四	29 初五	30 初六	31 初七		

八月

日	一	二	三	四	五	六
					1 建军节	2 初九
3 初十	4 十一	5 十二	6 十三	7 立秋	8 十五	9 末伏
10 十七	11 十八	12 十九	13 二十	14 廿一	15 廿二	16 廿三
17 廿四	18 廿五	19 廿六	20 廿七	21 廿八	22 处暑	23 三十
24 初二	25 初三	26 初四	27 初五	28 初六	29 七夕节	30 初八
31 初九						

九月

日	一	二	三	四	五	六
	1 初十	2 十一	3 十二	4 十三	5 十四	6 中元节
7 白露	8 十七	9 十八	10 教师节	11 二十	12 廿一	13 廿二
14 廿三	15 廿四	16 廿五	17 廿六	18 廿七	19 廿八	20 廿九
21 三十	22 八月小	23 秋分	24 初三	25 初四	26 初五	27 初六
28 初七	29 初八	30 初九				

十月

日	一	二	三	四	五	六
			1 国庆节	2 十二	3 十三	4 十四
5 十四	6 中秋节	7 十六	8 寒露	9 十八	10 十九	11 二十
12 廿一	13 廿二	14 廿三	15 廿四	16 廿五	17 廿六	18 廿七
19 廿八	20 九月大	21 初二	22 初三	23 霜降	24 初四	25 初五
26 初六	27 初七	28 初八	29 重阳节	30 初十	31 万圣夜	

十一月

日	一	二	三	四	五	六
						1 万圣节
2 十三	3 十四	4 十五	5 十六	6 十七	7 立冬	8 十九
9 二十	10 廿一	11 廿二	12 廿三	13 廿四	14 廿五	15 廿六
16 廿七	17 廿八	18 廿九	19 三十	20 寒衣节	21 初二	22 小雪
23 初四	24 初五	25 初六	26 初七	27 感恩节	28 初九	29 初十
30 十一						

十二月

日	一	二	三	四	五	六
	1 十二	2 十三	3 十四	4 下元节	5 十六	6 十七
7 大雪	8 十九	9 二十	10 廿一	11 廿二	12 廿三	13 廿四
14 廿五	15 廿六	16 廿七	17 廿八	18 廿九	19 三十	20 十一月大
21 冬至	22 初三	23 初四	24 平安夜	25 圣诞节	26 初七	27 初八
28 初九	29 初十	30 十一	31 十二			